ICT 建设与运维岗位能力培养丛书

U0162028

# 信创服务器操作系统的
## 配置与管理（openEuler 版）

主　编　黄君美　许兴鹍
副主编　赵　景　蔡君贤

电子工业出版社
**Publishing House of Electronics Industry**
北京·BEIJING

## 内 容 简 介

本书围绕系统管理员、网络工程师等岗位对 openEuler 操作系统及网络服务管理核心技能的要求，通过引入行业标准和职业岗位标准，以基于 openEuler 操作系统构建的网络主流技术和主流产品为载体，将企业应用需求及 openEuler 基础知识和服务架构融入各项目的工作任务。

本书针对中小型网络建设与管理中涉及的技术，精选企业真实网络建设工程项目案例并加以提炼。本书主要内容包括企业服务器操作系统选型、使用 Shell 管理本地文件、管理信息中心的用户与组、管理 IP 网络、openEuler 操作系统的基础配置、企业内部数据存储与共享、部署企业的 DHCP 服务、部署企业的 DNS 服务、部署企业的 Web 服务、部署企业的 FTP 服务、部署企业的 Squid 代理服务、部署企业的邮件服务、部署 openEuler 防火墙。

本书配有 PPT、微课视频、课程标准、课后习题等资源，适合网络技术人员、网络管理和维护人员、网络系统集成人员阅读及使用，同时也可作为职业院校及应用型本科院校相关专业的教学参考用书。

**图书在版编目（CIP）数据**

信创服务器操作系统的配置与管理：openEuler 版 / 黄君羡，许兴鹍主编. —北京：电子工业出版社，2023.12

ISBN 978-7-121-46908-4

Ⅰ．①信… Ⅱ．①黄… ②许… Ⅲ．①操作系统－高等学校－教材 Ⅳ．① TP316

中国国家版本馆 CIP 数据核字（2023）第 245863

责任编辑：孙　伟　　　　　　　特约编辑：田学清

印　　刷：固安县铭成印刷有限公司

装　　订：固安县铭成印刷有限公司

出版发行：电子工业出版社

　　　　　北京市海淀区万寿路 173 信箱　　　邮编：100036

开　　本：787×1092　　1/16　　印张：16　　字数：341 千字

版　　次：2023 年 12 月第 1 版

印　　次：2024 年 11 月第 2 次印刷

定　　价：49.80 元

# 前　　言

欧拉（openEuler）操作系统是华为基于稳定的 Linux 内核研发出的、面向企业级应用的通用服务器架构平台，它能够支持鲲鹏处理器和容器虚拟化技术。openEuler 操作系统作为国产操作系统的代表，自推出以来已实现商用市场份额新增约 20%，并持续增长，在未来几年内，openEuler 操作系统有望成为中国操作系统市场的领头羊。

近年来，我国加快推进信息创新建设工作，教育、金融、交通等部门率先大量引入国产操作系统，预计"十四五"规划期间，IT 相关行业将大规模使用国产操作系统，以增强我国基础软件的自主可控性和网络信息安全性。openEuler 操作系统的安装、配置和维护技能是系统管理员的必备技能。

本书采用最容易让学习者理解的方式，通过场景化的项目案例，将理论与技术应用密切结合，让技术应用更具画面感；通过标准化业务实施流程介绍让学习者熟悉工作过程；通过练习与实践让学习者进一步巩固业务能力，养成良好的职业行为习惯。本书精心设计了 13 个项目，旨在让学习者逐步地掌握基于 openEuler 操作系统及网络服务管理的配置，成为一名准网络工程师。

本书为广东省高职教育计算机网络技术专业教学资源库转换成果之一，配套资源丰富，可满足职校学生、企业职工、社会人员等不同人群的学习需求，极具职业特征，有如下特色。

## 1. 课证融通、校企双元开发

本书由高校教师和企业工程师联合编写。本书中关于 Linux 的相关技术及知识点的介绍导入了华为"HCIA-openEuler"认证的考核标准；项目中导入了多个服务商的典型项目案例和标准化业务实施流程；高校教师团队按照高职网络专业人才培养要求和教学标准，考虑学习者认知特点，将企业资源进行教学化改造，形成工作过程系统化教材，教材内容符合系统管理员、网络工程师等岗位的技能培养要求。

## 2. 项目贯穿、课产融合

本书通过进阶式、场景化项目重构课程序列，本书内容架构如图 0-1 所示。本书围绕系统管理员、网络工程师等岗位对 openEuler 操作系统及网络服务管理核心技能的要求，基于工作过程系统化方法，按照 TCP/IP 协议由低层到高层这一规律，设计了 13 个进阶式项目。使 openEuler 操作系统及网络服务管理知识碎片化，并按项目化方式重构，在每个项目中按需融入相关知识。读者通过对进阶式项目的学习，不仅可以掌握系统管理相关的知识和技能，而且可以熟悉知识的应用场景和项目的业务实施流程，还可以提高职业素养，从而满足系统管理员、网络工程师等岗位的能力要求。

**图 0-1　本书内容架构**

本书用业务实施流程驱动学习过程。如图 0-2 所示，本书各项目按企业工程项目标准化业务实施流程分解为若干工作任务。通过学习目标、项目描述、项目分析、相关知识为项目实施做铺垫；项目实施过程由任务规划、任务实施和任务验证三个环节构成，符合工程项目实施的一般规律。学生通过 13 个项目的渐进学习，逐步熟悉系统管理员、网络工程师等岗位中 openEuler 操作系统及网络服务管理知识的应用场景，熟练掌握标准化业务实施流程，养成良好的职业习惯。

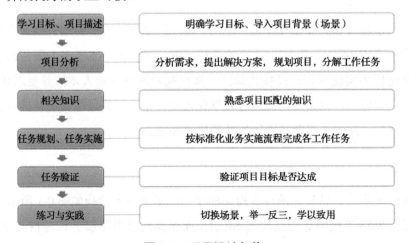

**图 0-2　项目设计架构**

### 3. 实训项目具有复合性和延续性

考虑到企业真实网络建设工程项目的复合性，编者精心设计了实训项目。实训项目不仅考核与本项目相关的知识、技能和业务实施流程，还涉及前序知识与技能，强化了各阶段知识点、技能点之间的关联，可以让学习者熟悉知识与技能在实际场景中的应用。

本书若作为教学用书，参考学时为 52～82，各项目的学时分配可参考表 0-1。

表 0-1　学时分配表

| 内容模块 | 课程内容 | 学　时 |
|---|---|---|
| 服务器基础配置 | 项目 1 企业服务器操作系统选型 | 2～4 |
| | 项目 2 使用 Shell 管理本地文件 | 2～4 |
| | 项目 3 管理信息中心的用户与组 | 2～4 |
| | 项目 4 管理 IP 网络 | 2～4 |
| | 项目 5 openEuler 操作系统的基础配置 | 2～4 |
| 基础服务部署 | 项目 6 企业内部数据存储与共享 | 4～6 |
| | 项目 7 部署企业的 DHCP 服务 | 4～6 |
| | 项目 8 部署企业的 DNS 服务 | 4～6 |
| | 项目 9 部署企业的 Web 服务 | 4～6 |
| | 项目 10 部署企业的 FTP 服务 | 4～6 |
| 高级服务部署 | 项目 11 部署企业的 Squid 代理服务 | 6～8 |
| | 项目 12 部署企业的邮件服务 | 6～8 |
| | 项目 13 部署 openEuler 防火墙 | 6～8 |
| 课程考核 | 综合项目实训 / 课程考评 | 4～8 |
| 课时总计 | | 52～82 |

本书由正月十六工作室组织编写，由黄君羡、许兴鹠、赵景和蔡君贤担任主编。本书参编单位与编者如表 0-2 所示。

表 0-2　本书参编单位与编者

| 参编单位 | 编者 |
|---|---|
| 正月十六工作室 | 欧阳绪彬、蔡君贤、何嘉愉、郑伟钦 |
| 国育产教融合教育科技（海南）有限公司 | 江政 |
| 荔峰科技（广州）有限公司 | 刘勋 |
| 许昌职业技术学院 | 赵景 |
| 深圳职业技术学院 | 王隆杰 |
| 广东交通职业技术学院 | 黄君羡、简碧园、彭亚发、许兴鹠 |

本书在编写过程中参阅了大量的技术资料，特别引用了 IT 服务商的大量项目案例，在此对这些资料的贡献者表示感谢。

编者

2023 年 7 月

# ICT 岗位能力培养丛书编委会

# 目　　录

# 项目 1　企业服务器操作系统选型

## 学习目标

（1）了解企业如何选择合适的操作系统。

（2）了解 openEuler 操作系统及其企业应用场景。

（3）掌握如何安全地获得企业级 openEuler 操作系统。

（4）了解企业常用的 openEuler 操作系统的安装方式。

（5）掌握 openEuler 操作系统的安装过程。

## 项目描述

随着 Jan16 公司业务的发展，其服务器资源日趋紧张，原先租赁的网络系统服务也即将到期。Jan16 公司为保障公司业务安全和稳定，拟在公司数据中心机房搭建自己的网络服务平台。为此，Jan16 公司新购置了一批服务器，现需要为这批服务器安装 openEuler 操作系统。

Jan16 公司让实习生小锐尽快了解 openEuler 操作系统，并将其安装到新购置的服务器上。

## 项目分析

openEuler 是一款开源操作系统，系统的内核源于 Linux，支持鲲鹏及其他多种处理器，具备高安全性、高可扩展性、高性能等特点，能够满足客户 IT 基础设施和云计算服务等多业务场景需求。小锐需要在开源平台下载 openEuler 操作系统，并将其安装到服务器上，具体涉及以下工作任务。

安装 openEuler 操作系统。

🐝 相关知识

# 1.1　Linux 概述

Linux（全称为 GNU/Linux）是一种免费使用和自由传播的类 UNIX 操作系统。因为 UNIX 操作系统受到商业化的影响，所以 Richard M. Stallman 在 20 世纪 80 年代发起了自由软件计划，即 GNU 计划。所谓自由，是指自由使用、自由学习、自由修改、自由分发及自由创建衍生版。GNU 计划实施期间遇到了一个大麻烦——GNU 系统内核项目迟迟不能令人满意。直到 1991 年，Linus B. Torvalds 提出了 Linux，给 GNU 计划画上了一个完美的句号。至此，由 Linux 提供内核（Kernel）、由 GNU 提供外围软件的 GNU/Linux 诞生了。

Linux 发展至今，有许多不同的版本，但都使用了 Linux 内核，Linux 可以安装在各种计算机硬件设备中，如手机、平板电脑、路由器、视频游戏控制台、台式计算机、大型机和超级计算机等。

严格来讲，Linux 操作系统指的是 Linux 内核与各种软件的集合，Linux 仅表示 Linux 内核，但是实际上人们已经习惯了用 Linux 来形容整个基于 Linux 内核，并且使用 GNU 数据库和工具的操作系统。

# 1.2　Linux 内核

Linux 内核版本的命名（见图 1-1）由 5 部分组成，即主版本号、次版本号、末版本号、打包版本号和厂商版本。

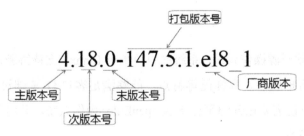

图 1-1　Linux 内核版本的命名

# 1.3　Linux 发行版本

　　Linux 主要作为 Linux 发行版本（通常被称为 distro）的一部分使用，这些发行版本由个人、团队及商业机构和志愿者编写，通常包括其他的系统软件和应用软件，以及一款用于简化系统初始安装的工具和一款用于软件安装、升级的集成管理器。

　　典型的 Linux 发行版本包括 Linux 内核、GNU 数据库和工具、命令行 Shell、X Window 图形窗口系统及相应的桌面环境（如 KDE 或 GNOME），以及数千种办公套件、编译器、文本编辑器等应用软件。

　　图 1-2 所示为常见的 Linux 发行版本，国内企业多采用 CentOS 和 Ubuntu。

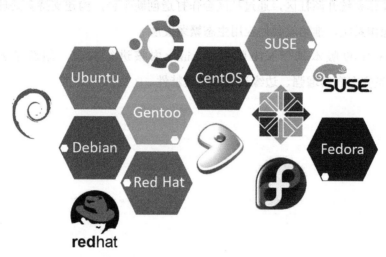

**图 1-2　常见的 Linux 发行版本**

　　（1）Red Hat：Red Hat 又名红帽企业 Linux，是 Red Hat 公司发布的面向企业用户的 Linux 操作系统，Red Hat 是现今知名的 Linux 版本之一。

　　（2）CentOS：CentOS（Community Enterprise Operating System，社区企业操作系统）由 Red Hat 依照开放源代码规定释出的源代码编译而成。

　　（3）Fedora：Fedora 作为一个开放的、创新的、具有前瞻性的操作系统，允许任何人自由地使用、修改和重新发布。

　　（4）Mandrake：Mandrake 的目标是让工作变得简单，Mandrake 的安装非常简单，并为初级用户设置了简单的安装选项，完全采用 GUI（图形用户界面）。

　　（5）Debian：Debian 诞生于 1993 年 8 月 13 日，目标是提供稳定、容错的 Linux 版本。Debian 以稳定性著称，虽然早期版本 Slink 存在小问题，但是现有版本 Potato 已经相当稳定。

　　（6）Ubuntu：Ubuntu 是一款以桌面应用为主的 Linux 操作系统，Ubuntu 基于 Debian 发行版本和 GNOME 桌面环境，从 11.04 版本起，Ubuntu 发行版本的桌面环境改为 Unity。

Ubuntu 每 6 个月发布一个新版本，为一般用户提供了最新的、相当稳定的、主要由自由软件构成的操作系统。

# 1.4 openEuler 简介

openEuler 是一款开源操作系统，当前 openEuler 的内核源于 Linux，支持鲲鹏及其他多种处理器，能够充分释放计算芯片的潜能，是由全球开源贡献者构建的高效、稳定、安全的开源操作系统，适用于大数据、云计算、人工智能等应用场景。同时，openEuler 是面向全球的操作系统开源社区，通过社区合作打造创新平台，构建支持多处理器架构、统一和开放的操作系统，推动软硬件应用生态繁荣发展。

openEuler 21.09 版本基于 5.10 版本的 Linux 内核进行构建，创新了云原生调度、KubeOS、轻量安全容器增强、边缘计算等关键特性。

## 项目实施

# 任务 1 安装 openEuler 操作系统

## 任务规划

Jan16 公司安装的 openEuler 操作系统可提供完整的系统功能，经核查，公司新购置的服务器完全满足 openEuler 操作系统对硬件的要求，由于新购置的服务器还未安装操作系统，因此小锐需要完成以下几个工作任务。

（1）设置 BIOS，令第一启动驱动器为光驱。

（2）通过 ISO 镜像安装 openEuler 操作系统。

（3）创建普通用户 Jan16，并在任务验证中登录测试。

微课：安装 openEuler 操作系统

## 任务实施

### 1. 设置 BIOS，令第一启动驱动器为光驱

启动服务器，进入设置 BIOS 界面（见图 1-3），更改服务器的启动顺序，令第一启动驱动器为光驱，保存后重启服务器。

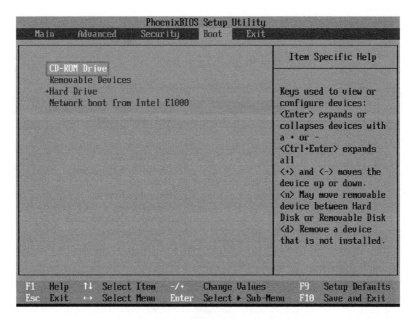

图 1-3  设置 BIOS 界面

### 2. 通过 ISO 镜像安装 openEuler 操作系统

（1）在重启服务器后，将 openEuler 操作系统的安装光盘放入光驱，系统会自动加载如图 1-4 所示的 openEuler 操作系统安装程序界面，选择"Install openEuler 21.09"选项。

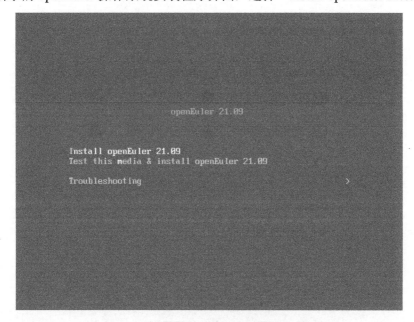

图 1-4  openEuler 操作系统安装程序界面

（2）在语言选择界面（见图 1-5）中选择使用的语言，单击"Continue"（继续）按钮，安装程序的默认语言为"English"。

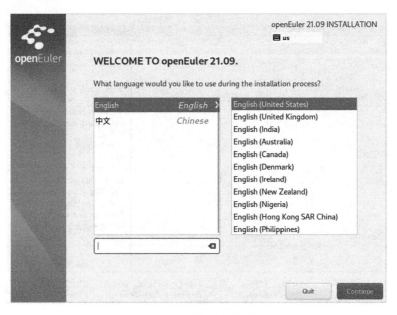

**图 1-5　语言选择界面**

（3）进入安装摘要界面（见图 1-6），需要配置"Keyboard"（键盘布局）、"Time & Date"（日期和时间）、"Installation Source"（安装来源）、"Software Selection"（软件选择）、"Installation Destination"（安装目标）、"Network & Host Name"（网络和主机名）、"Root Password"（Root 密码）。

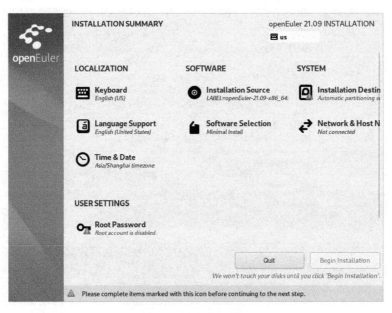

**图 1-6　安装摘要界面**

（4）在安装摘要界面中，安装向导已经自动配置了键盘布局、时间和日期、安装来源、软件选择，也可以修改以上配置。例如，想要修改系统的时间和日期，只需要单击"Time

& Date"，选择正确的时区后，单击"Done"（完成）按钮即可。时间和日期界面如图 1-7 所示。

图 1-7　时间和日期界面

（5）在软件选择界面（见图 1-8）中选择安装模式：先单击"Minimal Install"（最小化安装）单选按钮，再单击"Done"按钮。

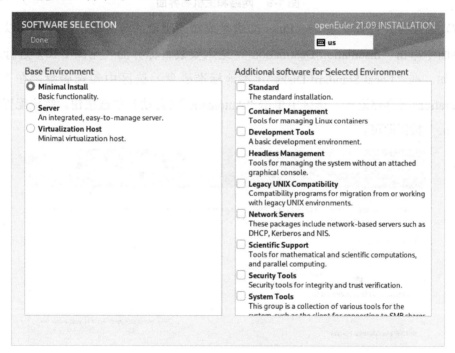

图 1-8　软件选择界面

（6）在安装摘要界面中，单击"Network & Host Name"，进入网络和主机名界面（见图 1-9）。首先配置网络：选择"Ethernet（ens33）"选项，单击"Configure"（配置）按钮进行配置，配置完成后需要单击界面右上方按钮，开启网卡。其次将主机名设置为"EulerOS.jan16.cn"。最后单击"Done"按钮结束配置。

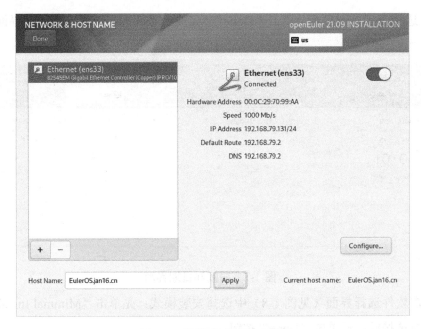

图 1-9　网络和主机名界面

（7）如果需要选择安装 openEuler 的磁盘或修改磁盘的分区大小，那么可以在安装摘要界面中单击"Installation Destination"，进入安装目标界面（见图 1-10）进行相关配置。例如，在"Local Standard Disks"（本地标准磁盘）选区中勾选磁盘，在"Storage Configuration"（存储配置）选区中单击"Automatic"（自动）单选按钮。完成配置后，单击"Done"按钮即可。

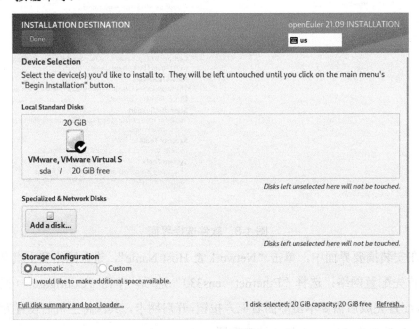

图 1-10　安装目标界面

（8）在 Root 密码界面（见图 1-11）中配置 root 用户的密码，将 Root 密码设置为 1qaz@WSX123，完成后单击"Done"按钮结束配置。

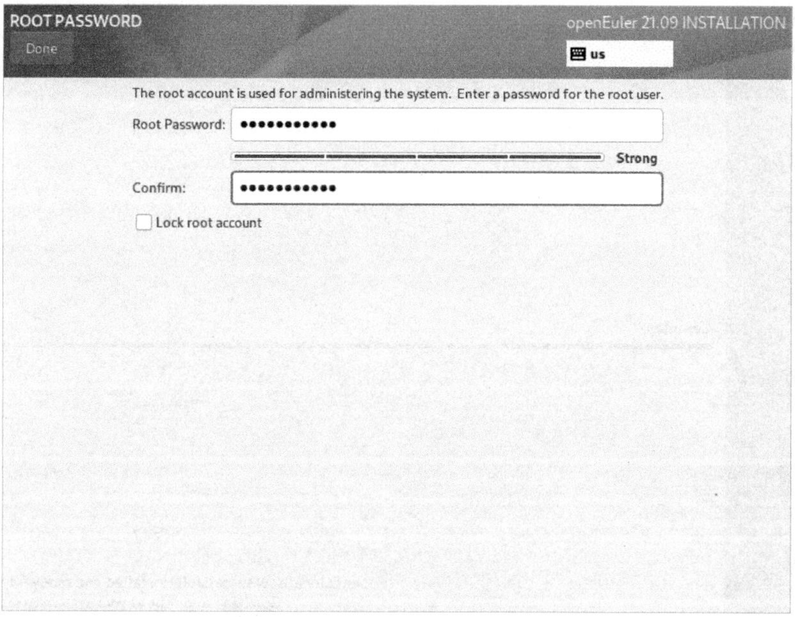

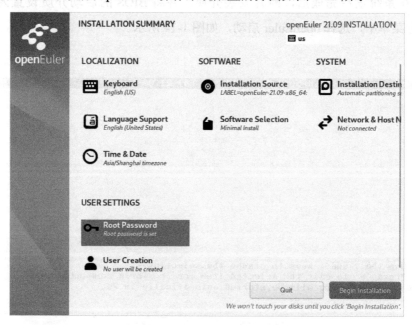

图 1-11　Root 密码界面

（9）完成以上配置后，返回安装摘要界面，出现"User Creation"（创建用户）配置项，表示可以创建普通用户，单击"Begin Installation"（开始安装）按钮，即可开始安装 openEuler 操作系统。完成 openEuler 操作系统配置的界面如图 1-12 所示。

图 1-12　完成 openEuler 操作系统配置的界面

（10）在 openEuler 操作系统安装完成后，系统提示需要重启系统，如图 1-13 所示，单击"Reboot System"（重启系统）按钮即可。

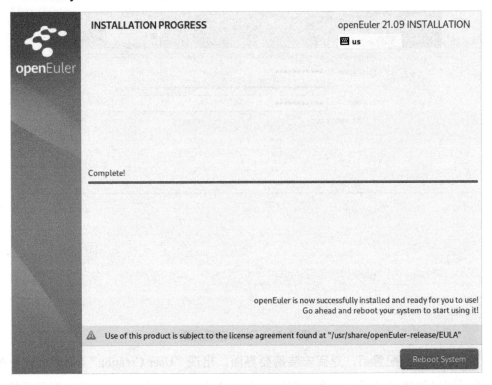

图 1-13 系统提示界面

（11）在系统重启完成后，断开安装介质，并将 BIOS 的启动介质设置为硬盘，在 GRUB 引导菜单中，选择 openEuler 启动，如图 1-14 所示。

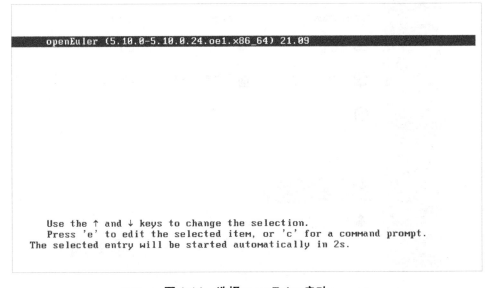

图 1-14 选择 openEuler 启动

### 3.创建普通用户 Jan16

登录系统，先使用 root 用户的账号进行登录，密码为 1qaz@WSX123，然后使用 "useradd" 命令创建普通用户 Jan16，密码为 1qaz@WSX，用于后续管理和维护。创建普通用户界面如图 1-15 所示。

```
Authorized users only. All activities may be monitored and reported.
EulerOS login: root
Password:

Authorized users only. All activities may be monitored and reported.


Welcome to 5.10.0-5.10.0.24.oe1.x86_64

System information as of time:  Wed Dec 22 10:23:51 AM CST 2021

System load:    0.13
Processes:      148
Memory used:    15.0%
Swap used:      0%
Usage On:       14%
Users online:   1


[root@EulerOS ~]# useradd Jan16
[root@EulerOS ~]# echo "1qaz@WSX" | passwd --stdin Jan16
Changing password for user Jan16.
passwd: all authentication tokens updated successfully.
[root@EulerOS ~]# _
```

**图 1-15  创建普通用户界面**

### 任务验证

登录系统，使用普通用户的账号 Jan16 登录，密码为 1qaz@WSX。普通用户登录界面如图 1-16 所示。

```
Authorized users only. All activities may be monitored and reported.
EulerOS login: Jan16
Password:

Authorized users only. All activities may be monitored and reported.


Welcome to 5.10.0-5.10.0.24.oe1.x86_64

System information as of time:  Wed Dec 22 10:26:43 AM CST 2021

System load:    0.00
Processes:      149
Memory used:    14.1%
Swap used:      0%
Usage On:       14%
Users online:   1


[Jan16@EulerOS ~]$
```

**图 1-16  普通用户登录界面**

# 练 习 与 实 践

## 一、理论习题

选择题

1．Linux 遵循（　　）开源协议。

    A．GPL             B．BSD             C．Mozilla            D．Apache

2．Linux 之父是（　　）。

    A．Ken L. Thompson             B．Linus B. Torvalds

    C．Dennis M. Ritchie            D．Richard M. Stallman

3．Linux 内核版本的命名包含（　　）。

    A．主版本号                    B．次版本号

    C．打包版本号                D．厂商版本

4．Linux 发行版本有（　　）。

    A．Debian           B．Fedora           C．Red Hat           D．CentOS

5．Linux 为输出提供显示并为 Shell 会话输入提供键盘的界面称为（　　）。

    A．提示符           B．物理控制台         C．虚拟控制台        D．终端

## 二、项目实训题

1．项目背景

Jan16 公司的运维工程师通过本项目已经熟悉了 openEuler 操作系统的安装，Jan16 公司希望小锐尽快完成另外一台服务器的 openEuler 操作系统安装。

2．项目要求

（1）下载 openEuler 操作系统镜像。

（2）校验 openEuler 操作系统镜像。

（3）安装的操作系统版本为 openEuler 21.09，安装完成后截取系统信息界面。

（4）服务器内的磁盘空间大小为 200GB，在安装 openEuler 操作系统时，分配给根目录 100GB、交换分区 16GB，磁盘其他空间分配给 /data 目录，安装完成后截取磁盘管理系统界面。

（5）计算机名为 Jan16-y（y 为学号），配置完成后截取系统信息界面。

（6）root 用户的密码为 1qaz@WSX，配置完成后截取 root 用户的属性信息界面。

# 项目 2  使用 Shell 管理本地文件

## 学习目标

（1）掌握 openEuler 操作系统命令行的使用方法。

（2）掌握 openEuler 操作系统的目录结构。

（3）掌握 openEuler 操作系统常用的命令。

（4）掌握 openEuler 操作系统命令行下的 Vim 编辑器。

## 项目描述

随着 Jan16 公司业务的发展，其服务器资源日趋紧张，原先租赁的网络系统服务也即将到期。Jan16 公司为保障公司业务安全和稳定，拟在公司数据中心机房搭建自己的网络服务平台。为此，Jan16 公司新购置了一批服务器，这批服务器均安装了 openEuler 操作系统。

Jan16 公司希望搭建自己的 DNS 服务、DHCP 服务、FTP 服务、Web 服务等。Jan16 公司让实习生小锐尽快了解 openEuler 操作系统的基础操作，为后续的服务搭建做准备。

## 项目分析

小锐需要尽快掌握 openEuler 操作系统中 Shell、Bash、目录结构、文件系统、Vim 编辑器的基础操作，具体包括以下几个工作任务。

（1）Bash 基础环境的设置。

（2）命令行下目录与文件的管理。

（3）命令行下系统配置文件的修改。

## 2.1　Shell

Linux/UNIX Shell（简称 Shell）也叫作命令行界面，是 Linux/UNIX 操作系统中传统的用户和计算机交互界面，用户可以通过直接输入命令来执行各种任务。Shell 作为操作系统的外壳，为用户提供了使用操作系统的接口。Shell 是命令语言、命令解释程序及程序设计语言的统称。

Linux 操作系统中有多种 Shell，如 SH、CSH、KSH、TCSH、ZSH、Bash 等，其中默认使用的是 Bash。系统默认支持的 Shell 均保存在 /etc/shells 目录中，它允许用户根据业务需求调用不同的 Shell，如选择 /sbin/nologin 可以禁止用户登录。

## 2.2　Bash

GNU Bourne-Again Shell（简称 Bash）是 GNU 计划中的重要工具，目前也是 Linux 标准的 Shell，与 SH 兼容，openEuler 操作系统默认使用 Bash。

### 2.2.1　命令提示符

使用"echo $PS1"命令可以查看当前的命令提示符格式：

```
[root@EulerOS ~]# echo $PS1
[\u@\h \W]\$
```

其中，\u 表示当前用户名；\h 表示主机名的简称；\W 表示当前工作目录名；\$ 表示提示字符。命令提示符格式的参数及含义如表 2-1 所示。

表 2-1　命令提示符格式的参数及含义

| 参　　数 | 含　　义 |
| --- | --- |
| \u | 当前用户名 |
| \h | 主机名的简称 |
| \H | 完整的主机名 |
| \w | 完整的当前工作目录名 |
| \W | 当前工作目录名 |
| \t | 命令提示符的弹出时间，显示为 24 小时格式 |
| \T | 命令提示符的弹出时间，显示为 12 小时格式 |
| \! | 显示命令历史数 |
| \# | 开始后命令历史数 |

使用"PS1= "[TYPE]""命令可以修改命令提示符格式,如显示的字体属性、字体颜色、背景色、提示内容等。例如,使用以下命令可以修改命令提示符的样式:

```
[root@EulerOS ~]# PS1="\e[1;41;33m[\t \u@\h \W]\$ \e[0m"
```

命令提示符修改后的样式如图 2-1 所示。

**图 2-1　命令提示符修改后的样式**

其中,"\e[1;41;33m"处于"[ 命令提示符 ]\$"前,表示修改命令提示符的字体颜色,"[ 命令提示符 ]\$"后有空格,在空格后加上"\e[0m",表示关闭命令部分的所有字体属性,修改字体属性使用的命令格式为 \e[A;B;…m。\e[A;B;…m 可使用的参数及含义如表 2-2 所示。

**表 2-2　\e[A;B;…m 可使用的参数及含义**

| 参数 | 0 | 1 | | 4 | 5 | 7 | 8 |
|---|---|---|---|---|---|---|---|
| 含义 | 关闭所有属性 | 设置高亮显示 | | 下画线 | 闪烁 | 反显 | 消隐 |
| 参数 | 30 | 31 | 32 | 33 | 34 | 35 | 36 | 37 |
| 含义 | 黑色字体 | 红色字体 | 绿色字体 | 黄色字体 | 蓝色字体 | 紫色字体 | 深绿色字体 | 白色字体 |
| 参数 | 40 | 41 | 42 | 43 | 44 | 45 | 46 | |
| 含义 | 黑色背景 | 红色背景 | 绿色背景 | 黄色背景 | 蓝色背景 | 紫色背景 | 深绿色背景 | |

## 2.2.2　命令的格式

(1)命令提示符右侧输入的内容由命令、选项、参数三部分组成,命令表示可执行文件;选项表示用于启用或关闭命令的功能;参数表示命令的作用对象,如文件名、用户名等。其中,选项和参数为可选项。完整的命令示例如下:

```
[root@EulerOSEulerOS ~]# ls -l --size -r /boot
```

其中,-l、-r 是短选项;--size 是长选项;/boot 是命令执行的参数。

(2)在 Shell 中可执行的命令有两类:Shell 自带的且通过某种命令形式提供的内部命令,如"help""enable cmd"等;在文件系统路径下有对应的可执行文件的外部命令,如"which -a ls""whereis ls"等。

使用"type [-a] COMMAND"命令可以查看指定的命令是内部命令还是外部命令。查看"pwd"命令是内部命令还是外部命令的示例如下:

```
[root@EulerOS ~]# type -a pwd
pwd is a shell builtin
pwd is /usr/bin/pwd
```

使用"which -a COMMAND""whereis COMMAND"命令可以查看命令对应的可执行文件路径。查看"ls"命令对应的可执行文件路径的示例如下:

```
[root@EulerOS ~]# which -a ls
/usr/bin/ls
[root@EulerOS ~]# whereis ls
ls: /usr/bin/ls
```

（3）系统初始设置 hash 表为空，当执行命令时，默认从系统指定的 $PATH 路径变量定义的路径中寻找该命令，并将此命令的路径记录到 hash 表中。当再次执行该命令时，Shell 解释器首先会查找 hash 表，若命令存在，则直接调用；若命令不存在，则从 $PATH 路径变量定义的路径中寻找。利用 hash 表可大幅提高命令的命中率。

常见 hash 命令及其作用如表 2-3 所示。

表 2-3　常见 hash 命令及其作用

| 命　　令 | 作　　用 |
| --- | --- |
| hash | 显示 hash 缓存 |
| hash -l | 显示 hash 缓存，可作为输入 |
| hash -p path name | 将命令全路径 path 起别名为 name |
| hash -t name | 打印缓存中 name 的路径 |
| hash -d name | 清除 name 缓存 |
| hash -r | 清除缓存 |

使用"hash"命令显示缓存：

```
[root@EulerOS ~]# hash
hits   command
   1   /usr/bin/which
   1   /usr/bin/whereis
   1   /usr/bin/vim
```

使用"echo $PATH"命令查看变量的内容：

```
[root@EulerOS ~]# echo $PATH
/usr/local/sbin:/usr/local/bin:/usr/sbin:/usr/bin:/root/bin
```

## 2.2.3　Tab 键补全

用户在终端内键入符合要求的内容后，可以按 Tab 键补全命令、路径和文件名。

（1）当使用 Tab 键补全命令时，若是内部命令，则会补全 Bash 自带的命令；若是外部命令，则 Bash 会根据 $PATH 路径变量定义的路径依次搜索可以补全的命令。若用户给定的字符串对应唯一一条命令，则直接补全，否则再次按 Tab 键给出对应的命令列表。

许多命令可以通过 Tab 键补全匹配参数和选项，前提是已安装 bash-completion 软件包。使用 Tab 键补全"passwd"命令：

```
[root@EulerOS~]# pas<Tab><Tab>
passwd  paste
[root@EulerOS ~]# pass<Tab>
[root@EulerOS ~]# passwd      // 自动补全
```

（2）当使用 Tab 键补全路径或文件名时，系统会在当前工作目录下搜索以用户输入的字符串开头的路径或文件名。若用户给出的字符串对应唯一的路径或文件名，则直接补全，否则再次按 Tab 键给出对应的路径或文件名列表。

使用 Tab 键补全"ls /etc/NetworkManager/"路径：

```
[root@EurlOS ~]# ls /etc/Network <Tab><Tab>
[root@EurlOS ~]# ls /etc/NetworkManager/    // 自动补全
```

### 2.2.4　命令历史

用户登录 Shell 后新执行的命令仅记录在缓存中，这些命令会在用户退出时被"追加"至命令历史文件（~/.bash_history）。当用户重新登录 Shell 时，会读取该文件记录下的命令。

（1）可以通过快捷键快速使用历史命令。历史命令快捷键及其功能如表 2-4 所示。

表 2-4　历史命令快捷键及其功能

| 快 捷 键 | 功　　能 |
|---|---|
| Ctrl + p 或 Up（向上） | 显示当前命令历史中的上一条命令，但不执行 |
| Ctrl + n 或 Down（向下） | 显示当前命令历史中的下一条命令，但不执行 |
| !string | 重复上一条以"string"开头的命令 |
| Esc，.（先按 Esc 键，松开后再按 . 键） | 重新调用上一条命令中最后一个参数 |

（2）使用"history"命令可以查看命令历史。查看命令历史中最后 3 条命令：

```
[root@EulerOS ~]# history 3
  60  passwd
  61  vim ~/.bash_history
  62  history 3
```

"history"命令的常用参数及其含义如表 2-5 所示。

表 2-5　"history"命令的常用参数及其含义

| 参　　数 | 含　　义 |
|---|---|
| -c | 清空命令历史 |
| -d offset | 删除命令历史中指定的第 offset 条命令 |
| -a | 追加本次会话新执行的命令历史列表至命令历史文件 |
| -w [filename] | 保存命令历史列表至指定的命令历史文件 |
| -n | 读取命令历史文件中未读过的行至命令历史列表 |

### 2.2.5　命令别名

对于一些较长且需要经常使用的命令，可以使用别名的方式定义，以简化烦琐的输入过程。使用"alias"命令可以显示和定义别名，使用"unalias"命令可以撤销别名。除非将别名写入配置文件，否则别名只在当前会话中有效。

在命令行下使用"alias NAME='VALUE'"命令，定义别名 NAME，输入此别名相当于执行"VALUE"命令，该别名仅对当前进程有效。例如，定义别名 rm 为执行"rm -i"
命令：

```
[root@EulerOS ~]# alias rm='rm -i'
```

若需要别名永久有效，则需要将别名写入配置文件，写入"~/.bashrc"配置文件的别
名仅对当前用户有效，写入"/etc/bashrc"配置文件的别名对所有用户有效。

需要注意的是，通过配置文件写入的别名不会立即生效，若需要别名立即生效，则可
以使用"source"命令执行文件并从文件中加载变量及函数到执行环境：

```
[root@EulerOS ~]# source /etc/bashrc
```

在命令行下使用"unalias NAME"命令可以撤销别名，使用"unalias -a"命令可以撤
销所有别名。撤销 rm 的别名：

```
[root@EulerOS ~]# unalias rm
```

命令生效的优先级：alias > 内部命令 > hash 表 > $PATH > 命令找不到。

## 2.2.6 Bash 快捷键

Bash 有很多快捷键，熟练使用快捷键可以有效提高工作效率。Bash 的常用快捷键及
其功能如表 2-6 所示。

表 2-6　Bash 的常用快捷键及其功能

| 快　捷　键 | 功　　能 |
| --- | --- |
| Ctrl + l | 清屏，相当于"clear"命令 |
| Ctrl + s | 阻止屏幕输出，锁定 |
| Ctrl + q | 允许屏幕输出 |
| Ctrl + c | 终止命令 |
| Ctrl + z | 挂起命令 |
| Ctrl + a | 将光标移至命令行首，相当于 Home 键 |
| Ctrl + e | 将光标移至命令行尾，相当于 End 键 |
| Ctrl + u | 从光标处删除至命令行首 |
| Ctrl + k | 从光标处删除至命令行尾 |
| Ctrl + w | 从光标处向左删除至单词首 |
| Ctrl + t | 交换光标处和之前字符的位置 |

## 2.2.7 获得命令的帮助

为了有效地使用命令，还需要了解命令可以接受的选项和参数，以及如何排列这些选
项和参数（命令的语法）。

使用帮助的方式有"--help"或"-h"选项、"man"命令等，也可使用软件包提供的
帮助文档，如程序中的 README 文档、Install 文档、ChangeLog 文档、程序的官方文档等。

（1）"--help"或"-h"选项。大多数命令都有"--help"或"-h"选项，其可用于在终端输出简洁的帮助信息。示例如下：

```
[root@EulerOS ~]# date --help
用法：date [选项]... [+格式]
  或：date [-u|--utc|--universal] [MMDDhhmm[[CC]YY][.ss]]
以给定<格式>字符串的形式显示当前时间或者设置系统日期。
……
```

命令帮助格式的特殊字符及其含义如表 2-7 所示。

表 2-7　命令帮助格式的特殊字符及其含义

| 特 殊 字 符 | 含　　义 |
|---|---|
| [ ] | 可选项 |
| < > | 可变化的数据 |
| { } | 分组 |
| … | 一个或多个 |
| x\|y\|z | x 或 y 或 z |
| -abc | -a -b -c |

（2）"man"命令。man 页面源自旧版的 Linux 程序员手册，该手册篇幅很长，存放在"/usr/share/man"目录下。每个 Linux 命令基本上都有 man 页面，man 页面分组为不同"章节"，统称为 Linux 手册。"man"命令的配置文件为"/etc/man_db.conf"。

（3）为了区分不同章节中相同的主题名称，man 页面在命令后附上章节编号，编号用括号括起。例如，gpasswd(1) 是介绍管理员组和密码文件的 man 页面。man 页面的章节及内容类型如表 2-8 所示。

表 2-8　man 页面的章节及内容类型

| 章　节 | 内 容 类 型 |
|---|---|
| 1 | 用户命令（可执行命令和 Shell 程序） |
| 2 | 系统调用（从用户空间中调用的内核例程） |
| 3 | 库函数（由程序库提供） |
| 4 | 特殊文件（如设备文件） |
| 5 | 文件格式（用于许多配置文件和结构） |
| 6 | 游戏（过去的有趣程序章节） |
| 7 | 惯例、标准和其他（协议、文件系统） |
| 8 | 系统管理和特权命令（维护任务） |
| 9 | Linux 内核 API（内核调用） |

（4）使用以下命令在所有 man 页面中搜索 systemctl：

```
[root@EulerOS ~]# man -k systemctl
systemctl (1)            - Control the systemd system and service manager（控制
systemd 系统和服务管理器）
```

由此可见，包含 systemctl 的 man 页面共有 1 个。使用以下命令查看包含 systemctl 的 man 页面：

```
[root@EulerOS ~]#man 1 systemctl
SYSTEMCTL(1)                      systemctl                      SYSTEMCTL(1)

NAME（名称）
      systemctl – Control the systemd system and service manager（systemctl
–控制 systemd 系统和服务管理器）

SYNOPSIS（大纲）
         systemctl [OPTIONS（选项）...] COMMAND（命令） [UNIT（参数）...]
...
Manual page systemctl(1) line 1 (press h for help or q to quit)
```

（5）进入 man 页面之后，可以使用"man"命令快速翻阅手册。man 页面的快捷键及其功能如表 2-9 所示。

表 2-9　man 页面的快捷键及其功能

| 快 捷 键 | 功　　能 |
| --- | --- |
| Space，f | 屏幕向前（向下）滚动一页 |
| b | 屏幕向后（向上）滚动一页 |
| g | 转到 man 页面的开头 |
| G | 转到 man 页面的末尾 |
| /string | 在 man 页面中向后搜索 string |
| n | 在 man 页面中重复之前的向后搜索 |
| N | 在 man 页面中重复之前的向前搜索 |
| q | 退出 man 页面，并返回到 Shell 命令提示符 |

## 2.2.8　文件通配符

Bash 具有路径名匹配功能，以前叫作通配，其缩写 Globbing 源自早期 UNIX 操作系统的全局命令（Global Command）文件路径扩展程序。Bash 通配功能通常称为模式匹配或文件通配符，可以提高文件管理效率，使用扩展的元字符来匹配要寻找的文件名和路径名可以一次性针对集合内的文件执行命令。

通配是一种 Shell 命令解析操作，它将一个文件通配符模式扩展到一组匹配的路径名。在执行命令之前，命令行元字符由匹配列表替换，不返回匹配项的模式（尤其是方括号括起来的字符类），将原始模式请求显示为匹配的实际字符。常见的元字符及其匹配项如表 2-10 所示。

表 2-10　常见的元字符及其匹配项

| 元 字 符 | 匹 配 项 |
| --- | --- |
| * | 任意长度的任意字符 |
| ? | 任意单字符 |

续表

| 元 字 符 | 匹 配 项 |
| --- | --- |
| ~ | 当前用户的主目录 |
| ~username | username 用户的主目录 |
| ~+ | 当前工作目录 |
| ~- | 前一个工作目录 |
| [] | 指定范围内的任意单字符 |
| [^] | 指定范围外的任意单字符 |

例如，仅显示 boot 目录下的文件：

```
[root@EulerOS ~]# ls -d /boot/*/
/boot/efi/  /boot/grub2/  /boot/loader/  /boot/lost+found/
```

## 2.2.9　Linux 的常用命令

1）"pwd" 命令

每个 Shell 和系统进程都有一个当前工作目录（Current Work Directory，CWD），使用 "pwd" 命令可以查看当前工作目录的绝对路径。使用 "pwd" 命令查看当前工作目录绝对路径的示例如下：

```
[root@EulerOS ~]# pwd
/root
```

2）"cd" 命令

使用 "cd" 命令可以切换目录，命令格式为 "cd DIR"。使用 "cd" 命令切换目录的示例如下：

```
[root@EulerOS ~]# cd /etc           // 切换到 /etc 目录
[root@EulerOS etc]# pwd
/etc
[root@EulerOS etc]# cd ~admin       // 切换到 admin 用户的家目录
[root@EulerOS admin]#pwd
/home/admin
[root@EulerOS admin]# cd -          // 切换到前一个目录
/etc
[root@EulerOS etc]# cd -            // 切换到前一个目录
/home/admin
[root@EulerOS admin]# cd            // 切换到当前用户的家目录
[root@EulerOS ~]# pwd
/root
```

3）"ls" 命令

使用 "ls" 命令可以列出指定目录的内容，命令格式为 "ls [OPTION] DIR"。若未指定 DIR，则列出当前工作目录的内容。使用 "ls" 命令列出指定目录内容的示例如下：

```
[root@EulerOS ~]# ls /
```

```
backup  bin  boot  box  dev  etc  home  lib  lib64  media  mnt  opt  proc
root  run  sbin  share  srv  sudo  sys  tmp  usr  var
```

"ls"命令的常用选项及其含义如表 2-11 所示。

表 2-11 "ls"命令的常用选项及其含义

| 选　　项 | 含　　义 |
| --- | --- |
| ls -a | 不隐藏任何以"."开头的项目，即显示隐藏文件 |
| ls -l | 使用较长格式列出信息 |
| ls -R | 递归显示子目录 |
| ls -d | 遇到目录时列出目录本身而非目录内的文件 |
| ls -1 | 每行仅列出一个文件 |

4）"mkdir"命令

使用"mkdir"命令可以创建目录，命令格式为"mkdir [OPTION] DIR"。使用"mkdir"命令创建目录的示例如下：

```
[root@EulerOS ~]#mkdir dir
[root@EulerOS ~]# ls -l
总用量 8
drwxr-xr-x 2 root root    6  1月 12 17:55 dir
......
```

"mkdir"命令的常用选项及其含义如表 2-12 所示。

表 2-12 "mkdir"命令的常用选项及其含义

| 选　　项 | 含　　义 |
| --- | --- |
| mkdir -p | 递归创建目录，目录已存在时不报错 |
| mkdir -v | 每次创建新目录都显示信息 |
| mkdir -m UGO | 创建时指定目录权限 |

5）"touch"命令

使用"touch"命令可以创建空文件，命令格式为"touch [OPTION] FILE"。使用"touch"命令创建空文件的示例如下：

```
[root@EulerOS ~]# touch file
[root@EulerOS ~]# ls -l
总用量 8
-rw-r--r-- 1 root root    0  1月 13 08:25 file
......
```

6）"cp"命令

使用"cp"（copy）命令可以复制文件或目录，命令格式为"cp [OPTION] SRC DEST"。

当 SRC 是目录时，需要使用"-r"选项。

当 SRC 是文件时，若 DEST 不存在，则重命名 SRC 为 DEST；若 DEST 是文件，则会覆盖已存在的文件；若 DEST 是目录，则将 SRC 复制到 DEST 目录下，并保持原名。

使用"cp"命令复制文件和目录的示例如下：

```
[root@EulerOS ~]# ls -l
drwxr-xr-x 2 root root    6  1月 13 09:28 dir
-rw-r--r-- 1 root root    0  1月 13 09:27 file
[root@EulerOS ~]# cp file file2
[root@EulerOS ~]# cp file file2
cp: 是否覆盖'file2'?     // 按 y 键确认覆盖，按 n 键取消复制
[root@EulerOS ~]# cp -r dir dir2
[root@EulerOS ~]# cp -r dir dir2
[root@EulerOS ~]# ls -l
drwxr-xr-x 2 root root    6  1月 13 09:28 dir
drwxr-xr-x 2 root root    6  1月 13 09:28 dir2
-rw-r--r-- 1 root root    0  1月 13 09:27 file
-rw-r--r-- 1 root root    0  1月 13 09:28 file2
[root@EulerOS ~]# ls -l dir2
总用量 0
drwxr-xr-x 2 root root 6  1月 13 09:34 dir
```

"cp"命令的常用选项及其含义如表 2-13 所示。

表 2-13　"cp"命令的常用选项及其含义

| 选　项 | 含　义 |
| --- | --- |
| cp -p | 复制时保留文件的修改时间和访问权限 |
| cp -a | 通常在复制目录时使用，保留链接、文件属性，并复制目录下的所有内容 |
| cp -r | 复制目录 |
| cp -f | 强制覆盖已经存在的目标文件且不给出提示 |

7）"mv"命令

使用"mv"（move）命令可以移动（或重命名）文件或目录，命令格式为"mv [OPTION] SRC DEST"。

当 SRC 是文件时，若 DEST 不存在，则重命名 SRC 为 DEST；若 DEST 是文件，则会覆盖已存在的文件；若 DEST 是目录，则将 SRC 移动至 DEST 目录下，并保持原名。

当 SRC 是目录时，若 DEST 不存在，则重命名 SRC 为 DEST；若 DEST 是文件，则会提示出错，无法以目录来覆盖非目录；若 DEST 是目录，则会将 SRC 复制到 DEST 目录下。

使用"mv"命令复制文件和目录的示例如下：

```
[root@EulerOS ~]# ls -l
drwxr-xr-x 2 root root    6  1月 13 09:28 dir
drwxr-xr-x 2 root root    6  1月 13 09:34 dir2
-rw-r--r-- 1 root root    0  1月 13 09:27 file
-rw-r--r-- 1 root root    0  1月 13 09:28 file2
[root@EulerOS ~]# mv file file3
[root@EulerOS ~]# mv file2 file3
mv: 是否覆盖'file3'?     // 按 y 键确认覆盖，按 n 键取消复制
```

```
[root@EulerOS ~]# mv dir dir3
[root@EulerOS ~]# mv dir2 dir3
[root@EulerOS ~]# ls -l
drwxr-xr-x 3 root root  18  1月 13 09:40 dir3
-rw-r--r-- 1 root root   0  1月 13 09:28 file2
-rw-r--r-- 1 root root   0  1月 13 08:25 file3
[root@EulerOS ~]# ls -l dir3
总用量 0
drwxr-xr-x 3 root root 17  1月 13 09:34 dir2
[root@EulerOS ~]#
```

8）"rm" 命令

使用 "rm"（remove）命令可以删除目录或文件，命令格式为 "rm [OPTION] FILE"。

使用 "rm" 命令删除文件和目录的示例如下：

```
[root@EulerOS ~]# ls -l
drwxr-xr-x 3 root root  18  1月 13 09:40 dir3
-rw-r--r-- 1 root root   0  1月 13 09:28 file2
-rw-r--r-- 1 root root   0  1月 13 08:25 file3
[root@EulerOS ~]# rm file2
rm: 是否删除普通空文件 'file2'？ y     // 按 y 键确认删除，按 n 键取消删除
[root@EulerOS ~]# rm -f file3
[root@EulerOS ~]# rm -r dir3/dir2/dir
rm: 是否删除目录 'dir3/dir2/dir'？ y     // 按 y 键确认删除，按 n 键取消删除
[root@EulerOS ~]# rm -rf dir3
[root@EulerOS ~]# ls -l
[root@EulerOS ~]#
```

"rm" 命令的常用选项及其含义如表 2-14 所示。

表 2-14  "rm" 命令的常用选项及其含义

| 选　项 | 含　义 |
| --- | --- |
| rm -r | 递归删除目录及其内容 |
| rm -i | 每次删除前提示确认 |
| rm -f | 强制删除，忽略不存在的文件，不提示确认 |
| rm -v | 详细显示步骤 |

# 2.3　目录结构

Linux 操作系统中的所有文件都保存在文件系统中，被组织到一棵倒置的目录树中，称为文件系统层次结构。这棵树是倒置的，树根在该层次结构的顶部，树根的下方延伸出目录和子目录的分支。

/ 目录是根目录，位于文件系统层次结构的顶部。"/" 字符还可用作文件名中的目录分隔符。Linux 操作系统中的目录结构遵循 FHS（Filesystem Hierarchy Standard，文件系统

层次结构标准）。目录结构图如图 2-2 所示。

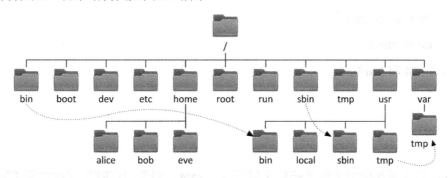

**图 2-2 目录结构图**

系统中的重要目录及其用途如表 2-15 所示。

**表 2-15 系统中的重要目录及其用途**

| 目 录 | 用 途 |
| --- | --- |
| /bin，/sbin（符号链接文件） | 系统自身启动和运行时可能用到的核心二进制命令 |
| /boot | 系统引导加载时用到的静态文件、内核和 ramdisk、grub(bootloader) |
| /dev | devices 的简写，所有设备的文件都保存于此，设备文件通常也称为特殊文件（仅有元数据，而没有数据） |
| /etc | 系统的配置文件 |
| /home | 普通用户保存其个人数据和配置文件的主目录 |
| /lib，/lib64（符号链接文件） | 共享库文件和内核模块 |
| /opt | 第三方应用程序的安装目录 |
| /proc | 伪文件系统，用于输出内核与进程相关信息的虚拟文件系统 |
| /root | 超级用户 root 的主目录 |
| /run | 自上一次系统启动以来启动进程运行时的数据，包括进程 ID 文件和锁定文件等。次目录中的内容在系统重启时重新创建（次目录整合了旧版的 /var/run 目录和 /var/lock 目录） |
| /srv | 系统上运行服务用到的数据 |
| /sys | 伪文件系统，用于输出当前系统上硬件设备相关信息的虚拟文件系统 |
| /tmp | 供临时文件使用的全局可写空间，10 天内未被访问、更改或修改过的文件将自动从该目录中删除，还有一个临时目录 /var/tmp，该目录下的文件若在 30 天内未被访问、更改或修改过，则将被自动删除 |
| /usr | 安装的软件、共享的库，包括文件和静态只读程序数据，重要的子目录有 -/usr/bin（用户命令）、-/usr/sbin（系统管理命令）、-/usr/local（本地自定义软件） |
| /var | 特定用于此系统的可变数据，在系统启动后保持永久性。可以在 /var 目录下找到动态变化的文件（如数据库、缓存目录、日志文件、打印机后台处理文档和网站内容） |
| /mnt，/media | 设备临时挂载点 |

在 openEuler 操作系统中，根目录下的 4 个子目录如下，在 /usr 目录下有同名目录和相同的内容。

（1）/bin 和 /usr/bin。

（2）/sbin 和 /usr/sbin。

（3）/lib 和 /usr/lib。

（4）/lib64 和 /usr/lib64。

# 2.4 文件系统

Linux 操作系统中的文件系统包含但不限于 ext4、XFS、BTRFS、GFS2 和 ClusterFS，需要区分大小写字母。在同一目录下创建 FileCase.txt 和 filecase.txt 将生成两个不同的文件。

文件或目录的路径指定其唯一的文件位置，跟随文件的路径会遍历一个或多个指定的子目录，用"/"分隔，直至到达目标位置。与其他文件类型相同，标准的文件位置定义也适用于目录（又称为文件夹）。

> 注意：虽然在 Linux 操作系统文件名中可以出现空格，但空格是 Shell 用于命令语法解释的分隔符。建议新手管理员避免在文件名中使用空格，因为包含空格的文件名易导致意外的命令执行行为。

### 1．绝对路径

绝对路径是指完全限定名称，自根目录开始，指定到达且唯一代表单个文件所遍历的每个子目录。文件系统中的每个文件都有一个唯一的绝对路径，可通过简单的规则识别：第一个字符是"/"的路径是绝对路径。

### 2．相对路径

与绝对路径一样，相对路径也标识唯一文件，仅指定从工作目录到达该文件的路径。识别相对路径的规则：第一个字符是除"/"之外的其他字符的路径是相对路径。位于 /var 目录下的用户可以将消息日志文件相对指代为 log/messages。

### 3．文件命名

对于标准的 Linux 操作系统中的文件系统，文件路径名长度（包含所有"/"字符）不可超过 4095B。文件路径名中以"/"字符隔开的每一部分的长度不可超过 255B。文件名可以使用任何 UTF-8 编码的 Unicode 字符，但"/"字符和"NULL"字符除外。使用特殊字符命名的目录和文件不推荐使用，有些字符需要用引号引起来。以"."开头的文件为隐藏文件。

### 4. 文件类型

当通过"ls -l"命令查看目录下的文件时，可根据第一个字符判断文件类型，查看根目录下文件的示例如下：

```
[root@jan16-PC ~]# ls -l /
lrwxrwxrwx    1 root root    7  3月 14  2020 bin -> usr/bin
dr-xr-xr-x.   6 root root 4096  7月 16 16:15 boot
```

第一个字符为 l，表示文件类型为符号链接文件；第一个字符为 d，表示文件类型为目录文件。常见的文件类型如表 2-16 所示。

**表 2-16　常见的文件类型**

| 字　符 | 文 件 类 型 | 解　释 |
| --- | --- | --- |
| - | 普通文件 | 普通文件 |
| d | 目录文件（Directory） | 保存该目录下其他文件的 inode 号和文件名等信息 |
| b | 块设备文件（Block） | 可以自行确定数据的位置，硬盘、软盘等是块设备 |
| c | 字符设备文件（Char） | 字符终端、串口和键盘等是字符设备 |
| l | 符号链接文件（Link） | 符号链接文件相当于给原文件创建了一个快捷方式 |
| p | 管道文件（Pipe） | 管道文件主要用于进程间通信 |
| s | 套接字文件（Socket） | 用于不同计算机间网络通信的一种特殊文件 |

在 openEuler 操作系统中可以根据颜色来区分文件类型，不同颜色对应的文件类型如表 2-17 所示，也可通过"/etc/DIR_COLORS"文件来定义颜色属性。

**表 2-17　不同颜色对应的文件类型**

| 颜　色 | 文 件 类 型 |
| --- | --- |
| 蓝色 | 目录文件 |
| 绿色 | 可执行文件 |
| 红色 | 压缩文件 |
| 浅蓝色 | 链接文件 |
| 灰色 | 其他文件 |

# 2.5　Vim 编辑器

编辑器是编写或修改文本文件的重要工具之一，是操作系统中不可缺少的部件。在 Linux 操作系统中，系统和应用的配置大多需要通过修改配置文件来实现，熟练掌握编辑器的用法可以大幅提高工作效率。

Vim（全称为 Vi IMproved）是一种功能强大的文件编辑器，支持复杂的文本操作。相对图形界面的 gedit 编辑器，Vim 编辑器可以很方便地在命令行中使用，可用于任何 Linux 操作系统。

Vim 编辑器是 Vi 编辑器的高级版本，具有更多的功能，如自动格式、语法高亮等。当系统中"vim"命令无法使用时，可以使用"vi"命令代替，两者用法相同（最小化安装 Linux 操作系统默认不安装 Vim 编辑器）。

Vim 编辑器的 3 种模式如下。

（1）命令模式：打开 Vim 编辑器，即进入命令模式（也称一般模式）。在命令模式下，通过键盘命令可对文档进行复制、粘贴、删除、替换、移动光标、继续查找等操作。命令模式也是编辑模式和末行模式切换的中间模式，可以通过按 Esc 键返回命令模式。

（2）编辑模式：也称插入模式，用于对文档内容进行添加、删除、修改等操作。在编辑模式下，所有的键盘操作（退出编辑模式，即 Esc 键操作除外）都是输入或删除操作，所以在编辑模式下没有可用的键盘命令。

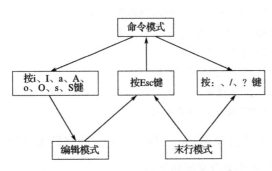

图 2-3　Vim 编辑器 3 种模式的切换方法

（3）末行模式：进入末行模式，光标移动到屏幕的底部，输入内置的指令，可执行相关的操作，如文件的保存、退出、定位光标、查找、替换、设置行标等。Vim 编辑器 3 种模式的切换方法如图 2-3 所示。

在命令模式下，按两次键盘上的 Z 键即可保存并退出，按 Z 键后再按 Q 键表示不保存并退出。

在命令模式下，按:键进入末行模式，在末行模式下可输入相关的命令。末行模式下的命令及其功能如表 2-18 所示。

表 2-18　末行模式下的命令及其功能

| 命　　令 | 功　　能 |
|---|---|
| q | 没有对文档做过修改，退出 |
| q! | 对文档做过修改，强制不保存并退出 |
| wq 或 x | 保存并退出，后面可以添加"！"表示强制保存并退出 |

Vim 编辑器的命令模式下有大量的键盘命令，用于控制光标、操作文本。常用的快捷键及其功能如表 2-19 所示。

表 2-19　常用的快捷键及其功能

| 快　捷　键 | 功　能 |
|---|---|
| h/j/k/l | 光标向左 / 向下 / 向上 / 向右移动一个字符 |
| Ctrl+f/b | 屏幕向下 / 向上移动一页 |
| Ctrl+d/u | 屏幕向下 / 向上移动半页 |
| 0 或 ^ | 将光标移动到行首，0 表示绝对行首 |

续表

| 快 捷 键 | 功 能 |
| --- | --- |
| $ 或 g_ | 将光标移动到行尾，$ 表示绝对行尾 |
| gg | 将光标移动到文件第一行 |
| G | 将光标移动到文件最后一行 |
| nG | 将光标移动到文件第 n 行 |
| x/X | 向后 / 向前删除 1 个字符 |
| nx/nX | 向后 / 向前删除 n 个字符 |
| dd | 删除光标所在的行 |
| ndd | 从光标处向下删除 n 行 |
| cc/C | 删除光标所在处的整行而后转换为输入 |
| yy | 复制光标所在的行 |
| nyy | 复制从光标所在行开始向下的 n 行 |
| p/P | 粘贴到光标位置的下一行 / 上一行 |
| r | 仅替换一次光标所在处的字符 |
| R | 一直替换光标所在处的字符，直到按 Esc 键 |
| u | 撤销前一个操作 |

 **项目实施**

# 任务 2-1 Bash 基础环境的设置

**任务规划**

Jan16 公司需要为新购置的一批服务器安装 openEuler 操作系统，现需要小锐设置 openEuler 操作系统的 Bash 基础环境，为后续服务搭建做准备，因此小锐需要完成以下几个工作任务。

（1）定义命令提示符以 24 小时格式显示时间。

（2）定义命令历史不记录重复的和以空格开头的命令。

（3）定义命令别名 cdnet。

扫一扫

微课：bash 基础环境设置

**任务实施**

1. 定义命令提示符以 24 小时格式显示时间

（1）修改命令提示符格式，代码如下：

```
[root@EulerOS ~]# PS1='[\t \u@\h \W]\$ '
```

（2）查看当前的命令提示符，代码如下：

```
[16:21:43 root@EulerOS ~]#echo $PS1
[\t \u@\h \W]\$
```

### 2. 定义命令历史不记录重复的和以空格开头的命令

（1）定义 HISTCONTROL 环境变量，代码如下：

```
[16:21:50 root@EulerOS ~]# HISTCONTROL=ignoreboth
```

（2）查看 HISTCONTROL 环境变量，代码如下：

```
[16:31:05 root@EulerOS ~]# echo $HISTCONTROL
ignoreboth
```

### 3. 定义命令别名 cdnet

（1）定义命令别名 cdnet，代码如下：

```
[16:36:36 root@EulerOS ~]# alias cdnet='cd /etc/sysconfig/network-scripts/'
```

（2）显示当前 Shell 进程中的所有命令别名，代码如下：

```
[16:37:06 root@EulerOS ~]# alias alias cdnet='cd /etc/sysconfig/network-
scripts/'alias cp='cp -i'alias egrep='egrep --color=auto'alias fgrep='fgrep
--color=auto'alias grep='grep --color=auto'…
```

## 任务验证

（1）查看 PS1 环境变量，代码如下：

```
[16:40:09 root@EulerOS ~]# echo $PS1[\t \u@\h \W]\$
```

（2）执行重复的和以空格开头的命令，使用"history"命令查看历史记录，代码如下：

```
[16:40:09 root@EulerOS ~]# echo $PS1
[\t \u@\h \W]\$
[16:40:14 root@EulerOS ~]# echo $PS1
[\t \u@\h \W]\$
[16:41:31 root@EulerOS ~]#  ls
anaconda-ks.cfg
[16:41:38 root@EulerOS ~]# history 33
 133  echo $PSipa ddip address show
 134  echo $PS1
 135  history 33
```

（3）使用"cdnet"命令验证别名，代码如下：

```
[16:41:41 root@EulerOS ~]# cdnet
[16:42:37 root@EulerOS network-scripts]# pwd
/etc/sysconfig/network-scripts
```

# 任务 2-2　命令行下目录与文件的管理

## 任务规划

Jan16 公司需要为新购置的一批服务器安装 openEuler 操作系统，现需要小锐了解并能熟练地管理目录与文件，为后续服务搭建做准备，因此小锐需要完成以下几个工作任务。

（1）目录管理。

（2）文件管理。

扫一扫

微课：命令行下文件与目录的管理

## 任务实施

### 1. 目录管理

（1）查看当前工作目录，代码如下：

```
[root@EulerOS ~]# pwd
/root
```

（2）更改目录为 /，查看 / 目录下的文件，代码如下：

```
[root@EulerOS ~]# cd /
[root@EulerOS /]# ls */ -d
bin/  boot/  dev/  etc/  home/  lib/  lib64/  media/  mnt/  opt/  proc/
root/  run/  sbin/  srv/  sys/  tmp/  usr/  var/
```

（3）创建 /data/httpd/html、/data/mysql、/data/images、/data/test/1、/data/test/2 目录，代码如下：

```
[root@EulerOS /]# mkdir /data/{httpd/html,mysql,images,test/{1,2}} -pv
mkdir: created directory '/data'
mkdir: created directory '/data/httpd'
mkdir: created directory '/data/httpd/html'
mkdir: created directory '/data/mysql'
mkdir: created directory '/data/images'
mkdir: created directory '/data/test'
mkdir: created directory '/data/test/1'
mkdir: created directory '/data/test/2'
```

（4）使用 "tree" 命令查看 /data 目录结构，代码如下：

```
[root@EulerOS /]# tree /data/
/data/
├── httpd
│   └── html
├── images
├── mysql
```

```
└── test
    ├── 1
    └── 2

7 directories, 0 files
```

（5）删除 /data/test/2、/data/test 目录，代码如下：

```
[root@EulerOS /]# rm -r /data/test/2/
rm: remove directory '/data/test/2/'? y
[root@EulerOS /]# rm -r /data/test/
rm: descend into directory '/data/test/'? y
rm: remove directory '/data/test/1'? y
rm: remove directory '/data/test/'? y
```

## 2. 文件管理

（1）使用"stat"命令查看 /data 目录状态信息，代码如下：

```
[root@EulerOS ~]# stat /data/
  File: '/data/'
  Size: 4096        Blocks: 8          IO Block: 4096    directory
Device: fd01h/64769d      Inode: 2097154      Links: 9
Access: (0755/drwxr-xr-x)  Uid: (    0/    root)  Gid: (    0/    root)
Access: 2022-05-26 16:04:46.851746352 +0800
Modify: 2022-04-17 15:53:08.128763820 +0800
Change: 2022-04-17 15:53:08.128763820 +0800
 Birth: -
```

（2）在 /data/httpd/html 目录中使用"touch"命令创建 index.html、test.html 空文件，代码如下：

```
[root@EulerOS /]# cd /data/httpd/html/
[root@EulerOS html]# touch index.html test.html
[root@EulerOS html]# ls
index.html  test.html
```

（3）复制 /etc/issue 文件至 /data/httpd/html 目录下，代码如下：

```
[root@EulerOS html]# cp /etc/issue /data/httpd/html/
[root@ EulerOS html]# ls
index.html  issue  test.html
```

（4）重命名 issue 为 issue.html，代码如下：

```
[root@EulerOS html]# mv issue issue.html
[root@EulerOS html]# ll
total 4
-rw-r--r-- 1 root root  0 Sep  3 12:00 index.html
-rw-r--r-- 1 root root 23 Sep  3 12:00 issue.html
-rw-r--r-- 1 root root  0 Sep  3 12:00 test.html
```

（5）删除 test.html 文件，代码如下：

```
[root@EulerOS html]# rm test.html
```

```
rm: remove regular empty file 'test.html'（是否删除普通空文件 'test.html'）? y
[root@ EulerOS html]# ls
index.html   issue.html
```

### 任务验证

（1）使用"tree"命令查看 /data 目录树，代码如下：

```
[root@EulerOS ~]# tree /data
/data
├── httpd
│    └── html
│         ├── index.html
│         └── issue.html
├── images
└── mysql

4 directories, 2 files
```

（2）使用"cat"命令查看 /data/httpd/html/issue.html 文件的内容，代码如下：

```
[root@EulerOS ~]# cat /data/httpd/html/issue.html
Authorized users only. All activities may be monitored and reported.
```

# 任务 2-3　命令行下系统配置文件的修改

### 任务规划

Jan16 公司需要为新购置的一批服务器安装 openEuler 操作系统，现需要小锐修改系统的配置文件，为后续服务搭建做准备，因此小锐需要完成以下几个工作任务。

（1）定义命令提示符以 24 小时格式显示时间。

（2）定义命令历史不记录重复的和以空格开头的命令。

（3）定义命令别名 cdnet。

（4）定义".vimrc"配置文件，设备 Tab 键为 4 个空白符。

（5）关闭 ssh 的 DNS 解析和 GSSAPI 认证。

（6）定义"/etc/motd"配置文件。

扫一扫

微课：命令行下修改系统
的配置文件

### 任务实施

#### 1. 定义命令提示符以 24 小时格式显示时间

（1）使用"vim"命令修改".bashrc"文件，在尾行添加"PS1='[\t \u@\h \W]\$ '"配置，

代码如下：

```
[root@EulerOS ~]# vim .bashrc
# .bashrc

# User specific aliases and functions

alias rm='rm -i'
alias cp='cp -i'
alias mv='mv -i'

# Source global definitions
if [ -f /etc/bashrc ]; then
        . /etc/bashrc
fi
PS1='[\t \u@\h \W]\$ '
```

（2）执行"bash"命令，查看命令提示符，代码如下：

```
[root@EulerOS ~]# bash
[18:08:14 root@EulerOS ~]#
```

### 2. 定义命令历史不记录重复的和以空格开头的命令

（1）使用"vim"命令修改".bashrc"文件，在尾行添加"HISTCONTROL=ignoreboth"配置，代码如下：

```
[18:09:25 root@EulerOS ~]# vim .bashrc
# .bashrc

# User specific aliases and functions

alias rm='rm -i'
alias cp='cp -i'
alias mv='mv -i'

# Source global definitions
if [ -f /etc/bashrc ]; then
        . /etc/bashrc
fi
PS1='[\t \u@\h \W]\$ '
HISTCONTROL=ignoreboth
```

（2）执行"bash"命令后，使用"echo"命令查看 HISTCONTROL 环境变量，代码如下：

```
[18:12:30 root@EulerOS ~]# bash
[18:12:30 root@EulerOS ~]# echo $HISTCONTROL
ignoreboth
```

### 3. 定义命令别名 cdnet

（1）使用"vim"命令修改".bashrc"文件，在尾行添加"alias cdnet='cd /etc/sysconfig/

network-scripts/'"配置，代码如下：

```
[18:11:15 root@EulerOS ~]# vim .bashrc
# .bashrc

# User specific aliases and functions

alias rm='rm -i'
alias cp='cp -i'
alias mv='mv -i'

# Source global definitions
if [ -f /etc/bashrc ]; then
        . /etc/bashrc
fi
PS1='[\t \u@\h \W]\$ '
HISTCONTROL=ignoreboth
alias cdnet='cd /etc/sysconfig/network-scripts/'
```

（2）执行"bash"命令后，使用"alias"命令显示当前 Shell 进程中的所有命令别名，代码如下：

```
[18:12:37 root@EulerOS ~]# alias
alias cdnet='cd /etc/sysconfig/network-scripts/'
alias cp='cp -i'
alias egrep='egrep --color=auto'
```

### 4. 定义".vimrc"配置文件，设备 Tab 键为 4 个空白符

使用"vim"命令修改".vimrc"配置文件，设备 Tab 键为 4 个空白符，代码如下：

```
[18:18:36 root@EulerOS ~]# vim .vimrc
set tabstop=4
set expandtab
```

### 5. 关闭 ssh 的 DNS 解析和 GSSAPI 认证

使用"vim"命令修改 ssh 服务的主配置文件（/etc/ssh/sshd_config），将"UseDNS"选项和"GSSAPIAuthentication"选项的参数修改为"no"，修改完成后重启 sshd 服务，令配置生效，代码如下：

```
[18:24:16 root@EulerOS ~]# vim /etc/ssh/sshd_config
UseDNS no
GSSAPIAuthentication no

[18:26:16 root@EulerOS ~]# systemctl restart sshd
```

### 6. 定义"/etc/motd"配置文件

使用"vim"命令修改"/etc/motd"配置文件，代码如下：

```
[18:30:55 root@EulerOS ~]# vim /etc/motd
```

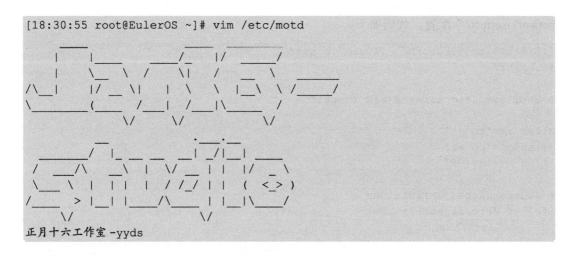

正月十六工作室 -yyds

## 任务验证

（1）重新登录，查看变量 PS1 的内容，代码如下：

```
[18:14:01 root@EulerOS ~]# echo $PS1
[\t \u@\h \W]\$
```

（2）执行重复的和以空格开头的命令，使用"history"命令查看历史记录，代码如下：

```
[18:14:01 root@EulerOS ~]# echo $PS1
[\t \u@\h \W]\$
[18:14:06 root@EulerOS ~]# echo $PS1
[\t \u@\h \W]\$
[18:14:35 root@EulerOS ~]# ls
anaconda-ks.cfg
[18:14:38 root@EulerOS ~]# history 3
  105  echo $PS1
  106  ls
  107  history 3
```

（3）执行"cdnet"命令，使用"pwd"命令查看当前工作目录，代码如下：

```
[18:14:44 root@EulerOS ~]# cdnet
[18:15:12 root@EulerOS network-scripts]# pwd
/etc/sysconfig/network-scripts
```

（4）使用"vim"命令编辑 test 文件，在命令模式下按 i 键进入编辑模式，按 Tab 键保存并退出，使用"wc"命令统计字节数，代码如下：

```
[18:19:15 root@EulerOS ~]# vim test
<tab>
[18:21:13 root@EulerOS ~]# wc test
1 0 5 test
```

（5）重新登录服务器，会自动显示如图 2-4 所示的运行效果。

图 2-4　运行效果

## 练 习 与 实 践

一、理论习题

选择题

1. openEuler 操作系统默认使用的 Shell 是（　　　）。

    A．SH　　　　　　　B．Bash　　　　　　　C．ZSH　　　　D．TCSH

2. openEuler 操作系统默认采用（　　）文件系统。

    A．ext4　　　　　　　B．XFS　　　　　　　C．ext3　　　　D．NTFS

二、项目实训题

1. 项目背景

Jan16 公司需要为新购置的一批服务器安装 openEuler 操作系统，现需要小锐设置 openEuler 操作系统的 Bash 基础环境，为后续服务搭建做准备。

2. 项目要求

（1）定义命令提示符以 24 小时格式显示时间。

（2）定义命令历史不记录重复的命令。

（3）定义命令别名 cdnet。

（4）定义 ".vimrc" 配置文件，设备 Tab 键为 4 个空白符。

（5）关闭 ssh 的 DNS 解析和 GSSAPI 认证。

（6）定义 "/etc/motd" 配置文件。

# 项目 3　管理信息中心的用户与组

（1）掌握 openEuler 操作系统中用户与组的概念及应用。

（2）掌握 openEuler 操作系统中用户与组的常用命令。

（3）掌握用户与组权限的继承性概念及应用。

（4）掌握企业组织架构下用户与组的部署业务实施流程。

## 项目描述

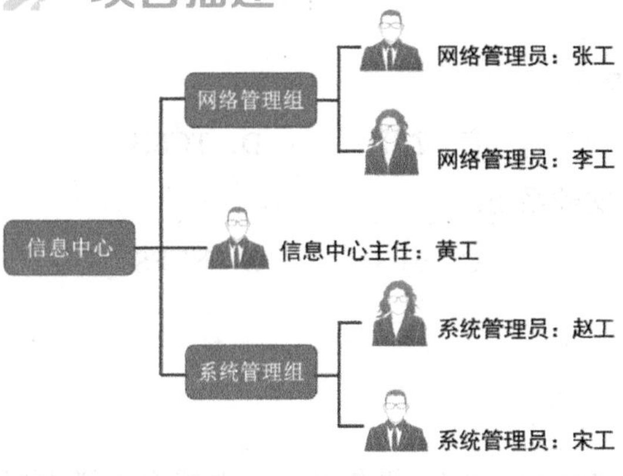

图 3-1　Jan16 公司信息中心的组织架构

Jan16 公司信息中心的组织架构如图 3-1 所示。

Jan16 公司信息中心在一台服务器上安装了 openEuler 操作系统用于部署公司网络服务，信息中心的所有员工均需要使用该服务器。系统管理员根据员工的岗位职责，为每个员工规划相应的权限。信息中心员工的用户账号信息如表 3-1 所示。

表 3-1　信息中心员工的用户账号信息

| 姓　　名 | 用户账号 | 隶属自定义组 | 权　　限 | 备　　注 |
| --- | --- | --- | --- | --- |
| 黄工 | Huang | Sysadmins | 系统管理 | 信息中心主任 |
| 张工 | Zhang | Netadmins | 网络管理 虚拟化管理 | 网络管理组 |
| 李工 | Li | | | |
| 赵工 | Zhao | Sysadmins | 系统管理 | 系统管理组 |
| 宋工 | Song | | | |

项目分析

　　Linux 操作系统是多用户多任务系统，系统中的用户对应的用户账号可以是真实物理用户的账号，也可以是特定应用程序使用的身份账号。Linux 操作系统通过定义不同的用户来控制用户在系统中的权限。系统中的每个文件都设计为属于相应的用户与组，定义不同的用户决定了其可以访问、写入或执行系统内的哪些文件。

　　因此，本项目需要运维工程师熟悉 openEuler 操作系统中的用户与组管理，具体包括以下几个工作任务。

　　（1）管理信息中心的用户账号。

　　（2）管理信息中心的组账号。

相关知识

　　Linux 操作系统是多用户多任务系统，允许多个用户同时登录系统使用系统资源。用户账号是用户的身份标识，用户通过用户账号可以登录系统，并且访问已经被授权的资源。系统依据用户账号来区分属于每个用户的文件、进程、任务，并为每个用户提供特定的工作环境，使每个用户都不能不受干扰地独立工作。

# 3.1　用户类型

　　在 Linux 操作系统中，主要有以下 3 种用户类型。

　　（1）root 用户：在 Linux 操作系统中，root 用户的 UID 为 0，该用户对所有的命令和文件具有访问、修改、执行的权限，一旦操作失误很容易对系统造成损坏，因此在生产环境中，不建议使用 root 用户直接登录系统。

　　（2）普通用户：系统中的大多数用户为普通用户，需要管理员用户进行创建，该类用户拥有的权限受到一定的限制，一般其仅在自己的主目录下拥有完全控制权限，提升权限需要使用"sudo"命令。

　　（3）系统用户：系统用户通常用于守护进程或软件，该类用户在安装系统或服务后默认存在，并且在默认情况下，通常不允许通过交互式 Shell 登录系统，但是该类用户方便进行系统管理，对于系统的正常运行是不可或缺的。

# 3.2　用户配置

Linux 操作系统中用于用户配置的文件主要有 /etc/passwd 和 /etc/shadow。前者用于保存用户的基本信息，后者用于保存用户密码的加密信息及其他相关安全信息，这两个文件是互补的。

/etc/passwd 文件是文本文件，其中包含用户登录的相关信息，每行代表一个用户的信息，该文件对所有用户可读。/etc/passwd 文件的部分输出如下：

```
[root@EulerOS ~]# cat /etc/passwd
root:x:0:0:root:/root:/bin/bash
```

上述 /etc/passwd 文件的部分输出对应的完整格式如下：

```
<用户名>:<口令>:<用户标识号>:<组标识号>:<注释>:<主目录>:<默认 shell>
```

（1）用户名：代表用户账号的字符串。

（2）口令：存储加密后的用户密码，由于 /etc/passwd 文件对所有用户可读，因此基于安全性考虑，将用户密码的加密信息存储在 /etc/shadow 文件中。

（3）用户标识号：每个用户都有唯一的 UID，0 是超级用户 root 的用户标识号，用户的类型和权限定义都是通过 UID 实现的。

（4）组标识号：组的 GID，该字段记录了用户所属的组，对应 /etc/group 文件中的一条记录。

（5）注释：用户的注释信息，可填写与用户相关的信息，该字段可选。

（6）主目录：用户登录系统后默认所在的目录。

（7）默认 shell：用户登录所用的 Shell 类型，默认为 /bin/bash。

/etc/shadow 中文件包含用户密码的加密信息及其他相关安全信息。基于安全性考虑，只有 root 用户才有权限读取 /etc/shadow 文件中的内容，普通用户没有权限查看。/etc/shadow 文件的部分输出如下：

```
[root@EulerOS ~]# cat /etc/shadow
root:$6$6SCTc3Uz3kXN7tQL$a9I6hiw6zMygSGgZvSbCaQUiaZdJEFwYMFQq9ixzcLrNINRDPr-
VI.iFNIyWu.qCgariKDbu6iTl.gxMTxv1x5.::0:99999:7:::
```

上述 /etc/shadow 文件的部分输出对应的完整格式如下：

```
<用户名>:<加密口令>:<最后一次修改时间>:<最小时间间隔>:<最大时间间隔>:<警告时间>:<
密码禁用期>:<失效时间>:<保留字段>
```

（1）用户名：代表用户账号的字符串。

（2）加密口令:$ 为分隔符,首先是使用的加密算法,其次是随机数,最后是加密的密码。若该字段是"*""！""x"等字符，则对应的用户不能登录系统。

（3）最后一次修改时间：从 1970 年 1 月 1 日算起，到最近一次密码被修改的天数。

（4）最小时间间隔：表示密码最近一次被修改的日期到下次允许被修改的日期之间的最小天数。

（5）最大时间间隔：表示密码最近一次被修改的日期到下次允许被修改的日期之间的最大天数。

（6）警告时间：表示从系统开始警告用户到密码正式失效之间的天数。

（7）密码禁用期：表示密码失效后自动禁用账号的天数。若密码禁用期设置为 -1，则代表账号永不禁用。

（8）失效时间：表示账号的生存期。若失效时间设置为 -1，则表示该账号为启用状态。

（9）保留字段：保留域，用于未来的功能拓展。

# 3.3　用户组

在 Linux 操作系统中，为了方便运维工程师管理用户，产生了用户组的概念。用户组就是具有相同特征的用户集合体，使用用户组有利于运维工程师按照用户的特性来组织和管理用户，提高工作效率。为用户设置用户组，在进行资源授权时可以把权限赋予某个用户组，用户组中的成员即可获得对应的权限，而且方便运维工程师检查，用户组可以更高效地管理用户权限。

用于保存主账号基本信息的文件是 /etc/group，保存格式为 group_name:password:GID:user_list，每行信息包括 4 个字段。

/etc/group 文件的部分输出如下：

```
[root@localhost ~]# cat /etc/group
root:x:0:
```

上述 /etc/group 文件的部分输出对应的完整格式如下：

```
< 组名 >:< 组口令 >:<GID>:< 用户列表 >
```

（1）组名：用户组的名称。

（2）组口令：用占位符 x 表示，加密后的密码保存在 /etc/gshadow 文件中。

（3）GID：用户组的 ID，Linux 操作系统通过 GID 区分用户组。

（4）用户列表：每个用户组包含的所有用户，这里列出的是以该用户组为附加组的用户，并没有列出以此用户组为主组的用户。

/etc/gshadow 是 /etc/group 的加密文件，两个文件为互补的关系。对于大型的生产环境，设置明确的用户与组，定制关系结构比较复杂的权限模型，设置用户组密码很有必要。/etc/gshadow 文件中的每行信息包括 4 个字段，字段之间用冒号隔开。

/etc/gshadow 文件的部分输出如下：

```
[root@EulerOS ~]# cat /etc/gshadow
root:::
```

上述 /etc/gshadow 文件的部分输出对应的完整格式如下：

`< 用户组名 >:< 用户组密码 >:< 用户组管理员名称 >:< 用户组成员列表 >`

（1）用户组名：用户组的名称。

（2）用户组密码：大部分用户通常不设置组密码，因此该字段常为空。若该字段中出现 "！" 字符，则代表用户组没有密码，也不设置用户组管理员。

（3）用户组管理员名称：该字段可为空，也可设置多个用户组管理员名称。

（4）用户组成员列表：该字段显示用户组中有哪些附加用户，与 /etc/group 文件中的附加值显示内容相同。

用户和用户组的对应关系：一对一、一对多、多对一和多对多。这 4 种对应关系的解析如下。

（1）一对一：一个用户可以存在于一个组中，也可以是组中的唯一成员。

（2）一对多：一个用户可以存在于多个组中，此用户具有多个组的共同权限。

（3）多对一：多个用户可以存在于一个组中，这些用户具有与组相同的权限。

（4）多对多：多个用户可以存在于多个组中，这种对应关系就是上面 3 种对应关系的拓展。

在 Linux 操作系统的设计中，每个用户都有一个对应的组，组是多个（含一个）用户为达到同一目的而组成的组织，组内的成员对属于该组的文件具有相同的权限。在默认情况下，Linux 操作系统拥有用户私人组（User Private Group，UPG），创建一个新用户的同时会创建一个和用户名相同的用户私人组。

## 项目实施

# 任务 3-1 管理信息中心的用户账号

## 任务规划

为满足 Jan16 公司信息中心员工对安装了 openEuler 操作系统的服务器的访问需求，运维工程师需要根据表 3-1 中的内容为每个员工创建用户账号。运维工程师可通过向导式菜单为员工创建

扫一扫

微课：管理信息中心的
用户账户

用户账号，并在用户属性管理界面中修改用户账号的相关信息。当用户使用新账号登录系统时，可以自行修改登录密码。

在 openEuler 操作系统终端上为信息中心员工创建用户账号，可通过以下操作步骤实现。

（1）通过"useradd"命令创建用户账号。

（2）通过不同的参数修改用户账号的属性。

（3）在任务验证中，使用新用户账号登录系统，测试新用户账号第一次登录系统是否需要更改密码。

🌿 **任务实施**

（1）运维工程师以用户账号 root 登录服务器，打开 openEuler 操作系统终端，创建用户账号 Huang，备注为"信息中心主任"，代码如下：

```
[root@EulerOS ~]# useradd -c "信息中心主任" Huang
[root@EulerOS ~]# echo "1qaz@WSX" | passwd --stdin Huang
```

在创建用户账号时，参数 -c 代表加上备注文字，备注文字保存在 /etc/passwd 文件对应的用户备注栏中。

（2）查看用户账号 Huang 是否创建成功，代码如下：

```
[root@EulerOS ~]# cat /etc/passwd
Huang:x:1001:1001:信息中心主任:/home/Huang:/bin/bash
```

（3）限制用户账号 Huang 在第一次登录系统时必须修改密码，代码如下：

```
[root@EulerOS ~]# chage -d0 Huang
```

在上述代码中，"-d <N>"选项应该被设置为密码的"有效期"（自密码上一次被修改的时间 1970 年 1 月 1 日以来的天数），所以"-d0"表明该密码是在 1970 年 1 月 1 日被修改的，这实际上会让当前密码到期失效，从而让密码在下一次登录时必须进行修改。

（4）切换用户账号，查看是否能够成功限制用户账号 Huang 登录，需要注意的是，不能使用 root 用户进行切换，因为 root 用户切换时不需要输入密码。使用 SSH 远程登录的方式对用户账号 Huang 进行测试，用户在认证界面中输入正确密码后，系统强制要求管理员更改用户账号 Huang 的密码，输入当前密码后，提示输入新密码，测试完成。代码如下：

```
[root@EulerOS ~]$ ssh Huang@localhost
Huang@localhost's password:
You are required to change your password immediately (administrator en-
forced).

WARNING: Your password has expired.
You must change your password now and login again!
```

```
Changing password for user Huang.
Changing password for Huang.
Current password:New password:
Retype new password:
passwd: all authentication tokens updated successfully.
```

（5）使用"useradd"命令创建 Zhang、Li、Zhao、Song 四个用户账号，代码如下：

```
[root@EulerOS ~]# useradd -c " 网络管理组 " Zhang
[root@EulerOS ~]# useradd -c " 网络管理组 " Li
[root@EulerOS ~]# useradd -c " 系统管理组 " Zhao
[root@EulerOS ~]# useradd -c " 系统管理组 " Song
```

（6）查看用户账号创建的情况，代码如下：

```
[root@EulerOS ~]# cat /etc/passwd
Huang:x:1001:1001:信息中心主任:/home/Huang:/bin/bash
Zhang:x:1003:1003:网络管理组:/home/Zhang:/bin/bash
Li:x:1004:1004:网络管理组:/home/Li:/bin/bash
Zhao:x:1005:1005:系统管理组:/home/Zhao:/bin/bash
Song:x:1006:1006:系统管理组:/home/Song:/bin/bash
```

### 任务验证

（1）创建用户账号后，注销用户账号 root，在 openEuler 操作系统登录界面中使用用户账号 Huang 登录，系统会出现如图 3-2 所示的"You are required to change your password immediately (administrator enforced)"（管理员强制要求您立即更改密码）提示信息。

```
Authorized users only. All activities may be monitored and reported.
EulerOS login: Huang
Password:
You are required to change your password immediately (administrator enforced).
Changing password for Huang.
Current password:
```

**图 3-2  提示更改用户账号 Huang 的密码**

（2）根据要求更改用户账号 Huang 的密码，如图 3-3 所示。

```
Authorized users only. All activities may be monitored and reported.
EulerOS login: Huang
Password:
You are required to change your password immediately (administrator enforced).
Changing password for Huang.
Current password:
New password:
Retype new password:
Last login: Wed Dec 22 15:29:43 from 192.168.79.1
```

**图 3-3  更改用户账号 Huang 的密码**

（3）更改密码后，openEuler 操作系统将以用户账号 Huang 登录，如图 3-4 所示。

图 3-4　以用户账号 Huang 登录

# 任务 3-2　管理信息中心的组账号

🪟 任务规划

Jan16 公司信息中心网络管理组的员工试用安装了 openEuler 操作系统的服务器一段时间后，决定在服务器上部署业务系统进行系统测试，确定该系统能稳定支撑公司业务后再进行业务系统迁移，并在这台服务器上创建共享，同时将系统测试文档统一保存在网络共享文件夹中。

Jan16 公司业务系统的管理涉及信息中心网络管理组和系统管理组的所有员工，因此 Jan16 公司信息中心需要为每位员工的用户账号授予管理权限。

根据图 3-1、表 3-1 和 openEuler 操作系统的权限情况，运维工程师对用户隶属的组账号进行如下分析。

（1）Jan16 公司信息中心的黄工是信息中心主任，对系统具有完全控制权限，并且可

扫一扫

微课：管理信息中心的
组账户

以向其他用户账号分配用户权限和访问控制权限，还具有服务器管理的最高权限，即用户账号 root，该用户账号应隶属于 root 组。

（2）网络管理组由张工和李工两位工程师组成，他们需要对该服务器的网络服务进行相关配置和管理，具有服务器的网络管理权限。网络管理组的工程师可以更改网卡配置方面的文件，并更新和发布 TCP/IP 地址，但是两位工程师没有修改其他用户密码和终止其他用户进程的权限，Zhang 和 Li 两个用户账号应隶属于 Netadmins 组。

（3）系统管理组由赵工和宋工两位工程师组成，他们需要对系统进行修改、管理和维护。系统管理组的工程师需要对系统具有完全控制权限，Zhao 和 Song 两个用户账号应隶属于自定义组。

（4）从信息中心的组织架构和后续权限管理需求出发，需要分别为网络管理组和系统管理组创建组账号 Netadmins 和 Sysadmins，并将组成员分别添加至各自隶属的自定义组中。

综上所述，运维工程师对信息中心所有员工的用户账号的操作权限和系统内置组做了映射。服务器系统自定义组规划如表 3-2 所示。

表 3-2　服务器系统自定义组规划

| 用 户 账 号 | 隶属自定义组 | 权　　限 |
| --- | --- | --- |
| Zhao | Netadmins | 网络管理 |
| Song | | 虚拟化管理 |
| Huang | Sysadmins | 系统管理 |
| Zhang | | |
| Li | | |

## 任务实施

### 1. 创建本地组账号并配置其隶属的系统内置组

（1）使用用户账号 root 在终端界面中分别创建组账号 Netadmins 和 Sysadmin，代码如下：

```
[root@EulerOS ~]# groupadd Netadmins
[root@OpenEuler ~]# groupadd Sysadmins
```

（2）组账号创建完成后，查看配置文件，验证两个组账号是否创建成功，代码如下：

```
[root@EulerOS ~]# cat /etc/group
Netadmins:x:1007:
Sysadmins:x:1008:
```

### 2. 设置用户账号的隶属组账号

（1）将用户账号 Zhao 和 Song 加入 Netadmins 组，并查看用户组的 ID 是否变更，代码如下：

```
[root@EulerOS ~]# usermod -g Netadmins Zhao
[root@EulerOS ~]# usermod -g Netadmins Song
[root@EulerOS ~]# cat /etc/passwd
Zhao:x:1004:1007:系统管理组:/home/Zhao:/bin/bash
Song:x:1005:1007:系统管理组:/home/Song:/bin/bash
```

（2）使用同样的方法将用户账号 Huang、Zhang 和 Li 加入 Sysadmins 组，并查看用户
账号的组 ID 是否变更，代码如下：

```
[root@EulerOS ~]# usermod -g Sysadmins Huang
[root@EulerOS ~]# usermod -g Sysadmins Zhang
[root@EulerOS ~]# usermod -g Sysadmins Li
[root@EulerOS ~]# cat /etc/passwd
Huang:x:1001:1008:信息中心主任:/home/Huang:/bin/bash
Zhang:x:1003:1008:网络管理组:/home/Zhang:/bin/bash
Li:x:1004:1008:网络管理组:/home/Li:/bin/bash
```

（3）将用户账号 Huang 加入 root 组，并为用户账号 Huang 提升权限为系统管理，使
得该用户拥有对系统的完全控制权限，代码如下：

```
[root@EulerOS ~]# usermod -g root Huang
[root@EulerOS ~]# cat /etc/passwd
Huang:x:1001:0:信息中心主任:/home/Huang:/bin/bash
```

（4）修改配置文件，授予用户账号 Huang 系统管理的权限，使用用户账号 root 修改
/etc/sudoers 文件，添加对应的红色字体的权限，并使用 "wq!" 命令强制保存后退出，此
时用户账号 Huang 已经获取用户 root 的权限，切换到用户账号 Huang 可以使用 "sudo -i"
命令获取权限，执行需要系统管理员身份才能执行的操作，如查看 /etc/sudoers 文件。代
码如下：

```
[root@EulerOS ~]# visudo /etc/sudoers
## Allow root to run any commands anywhere
root    ALL=(ALL)    ALL
Huang   ALL=(ALL)    ALL
[root@EulerOS ~]# su Huang
[Huang@EulerOS root]$ sudo -i

We trust you have received the usual lecture from the local System
Administrator. It usually boils down to these three things:

    #1) Respect the privacy of others.
    #2) Think before you type.
    #3) With great power comes great responsibility.

[sudo] password for Huang:
[root@EulerOS ~]# tail -4 /etc/sudoers
# %users  localhost=/sbin/shutdown -h now

## Read drop-in files from /etc/sudoers.d (the # here does not mean a
```

```
comment)
#includedir /etc/sudoers.d
```

（5）没有配置的用户账号无法使用"sudo -i"命令获取系统管理权限，代码如下：

```
[Huang@EulerOS ~]$ su - Li
Password:
[Li@EulerOS ~]$ sudo -i
[sudo] password for Li:
Li is not in the sudoers file.  This incident will be reported.
```

（6）对用户账号 Zhang 和 Li 进行限制，用户账号 Zhang 可以使用 /usr/bin 和 /bin 目录下的所有命令，但是为了保障系统的安全性，用户账号 Zhang 不可以修改其他用户的密码和终止（kill）其他用户的进程；用户账号 Li 可以使用 /bin 目录下的所有命令，但是不能修改其他用户的密码和终止其他用户的进程，也不能使用"nmcli"命令。在 /etc/sudoers.d 目录下使用"visudo"命令创建名称与用户名相同的策略文件并写入以下配置，代码如下：

```
[root@EulerOS ~]# visudo -s /etc/sudoers.d/Zhang
Zhang ALL=/usr/bin/,/bin/,!/usr/bin/passwd,!/bin/kill
[root@EulerOS ~]# visudo -s /etc/sudoers.d/Li
Li ALL=/bin/,!/usr/bin/passwd,!/bin/kill
```

"visudo"命令用于安全地编辑 /etc/sudoers 文件，该命令具有如下特点。

① 需要超级用户权限。

② 默认使用"vi"命令编辑 /etc/sudoers 文件。

③ /etc/sudoers 文件的默认权限是 440，即默认无法修改。

④ "visudo"命令可以在不更改 /etc/sudoers 文件权限的情况下直接修改此文件。

⑤ "visudo"命令在退出并保存时会检查内部语法，避免用户输入错误信息。

⑥ "-s""--strict"选项可对文件进行严格的语法检查。

（7）将用户账号 Song 和 Zhao 加入 root 组，代码如下：

```
[root@EulerOS ~]# usermod -g root Zhao
[root@EulerOS ~]# usermod -g root Song
[root@EulerOS ~]# cat /etc/passwd
Zhao:x:1005:0:系统管理组:/home/Zhao:/bin/bash
Song:x:1006:0:系统管理组:/home/Song:/bin/bash
```

### 任务验证

（1）用户账号 Zhang 隶属于 Netadmins 组，该用户账号并不具有系统管理权限，但是该用户账号的权限支持该用户使用 /usr/bin、/bin 目录下的所有命令，而不能使用"passwd"命令去修改其他用户的密码，也不能使用"kill"命令去终止其他用户的进程，代码如下：

```
[Zhang@EulerOS ~]$ sudo cd
[sudo] password for Zhang:
```

```
[Zhang@EulerOS ~]$
[Zhang@EulerOS ~]$ pwd
/home/Zhang
[Zhang@EulerOS ~]$ sudo kill
Sorry, user Zhang is not allowed to execute '/usr/bin/kill' as root on
EulerOS.jan16.cn.（抱歉，用户账号 Zhang 不能在 EulerOS.jan16.cn 机器上作为 root 用户执
行 '/usr/bin/kill' 命令）
[Zhang@EulerOS ~]$ sudo passwd
Sorry, user Zhang is not allowed to execute '/usr/bin/passwd' as root on
EulerOS.jan16.cn.
```

（2）用户账号 Li 隶属于 Netadmins 组，该用户账号并不具有系统管理权限，但是该用户账号可以使用 /bin 目录下的所有命令，而不能使用 "passwd" 命令去修改其他用户的密码，也不能使用 "kill" 命令去终止其他用户的进程，代码如下：

```
[root@EulerOS ~]$ su - Li
[Li@EulerOS ~]$ sudo kill
Sorry, user Li is not allowed to execute '/usr/bin/kill' as root on EulerOS.
jan16.cn.
 [Li@EulerOS ~]$ sudo passwd
Sorry, user Li is not allowed to execute '/usr/bin/passwd' as root on EulerOS.
jan16.cn.
[Li@EulerOS ~]$ sudo nmcli
ens33: connected to ens33
        "Intel 82545EM"
        ethernet (e1000), 00:0C:29:A1:19:D8, hw, mtu 1500
        ip4 default
        inet4 192.168.47.128/24
        route4 0.0.0.0/0
        route4 192.168.47.0/24
        inet6 fe80::8fbe:52f4:8ed2:3a2b/64
        route6 fe80::/64
        route6 ff00::/8
[Li@EulerOS ~]$ sudo date
Mon Jul 27 02:41:47 EDT 2020
```

## 练 习 与 实 践

一、理论习题

选择题

1. openEuler 操作系统中默认的管理员账号是（　　　）。

　　A. admin　　　　　　B. root　　　　　C. supervisor　　　　　D. administrator

2．当需要展示 Linux 操作系统中的某目录结构时，可以使用的命令是（　　　）。

    A．tree               B．cd               C．mkdir             D．cat

3．需要创建一个名为 /jan16/test 的目录，可以使用的命令是（　　　）。

    A．mkdir -pv /jan16/test        B．touch / jan16/test

    C．rm -rf / jan16/test          D．mount / jan16/test

4．若新建的磁盘需要永久挂载，则需要修改的配置文件是（　　　）。

    A．/etc/fstab             B．/etc/sysconfig

    C．/usr/local             D．/dev/cdrom

5．临时修改 selinux 权限为允许，需要执行的命令为（　　　）。

    A．systemctl stop firewalld       B．setneforce 0

    C．getenforce                D．nmcli connection show

## 二、项目实训题

实训一

1．在 openEuler 操作系统中使用命令创建 STUs 组和用户账号 st1、st2、st3，并将这三个用户账号加入 STUs 组。

2．设置用户账号 st1 下次登录时必须修改密码，设置用户账号 st2 不能更改密码且密码永不过期，停用用户账号 st3。

3．用 root 用户账号登录计算机，在计算机用户与组管理界面中完成如下操作。

（1）创建用户账号 test，使 test 用户账号隶属于 root 组。

（2）注销后用 test 用户账号登录，通过 /etc/passwd 文件查看自己的安全标识符。

（3）在用户家目录下创建一个文本文件，命名为 test.txt。

（4）思考：注销后重新用 root 用户账号登录，这时是否可以在桌面上看到刚才创建的文本文件？如果看不到，那么应该在哪里找到它？

（5）思考：删除 test 用户账号，重新创建一个 test 用户账号，注销后用 test 用户账号登录，此时是否还可以在桌面上看到刚刚创建的文本文件？这个新的 test 用户账号的安全标识符是否和原先删除的 test 用户账号的安全标识符一样？

实训二

1．项目描述

Jan16 公司研发部由研发部主任赵工、软件开发组钱工和孙工、软件测试组李工和简工 5 位工程师组成。研发部的组织架构如图 3-5 所示。

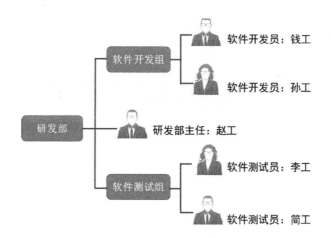

**图 3-5　研发部的组织架构**

研发部为满足新开发软件产品的部署需要，采购了一台安装了 openEuler 操作系统的服务器用于软件部署和测试。研发部根据员工的岗位需要，为每个员工规划了相应权限。研发部员工账号信息如表 3-3 所示。

**表 3-3　研发部员工账号信息**

| 姓　　名 | 用户账号 | 权　　限 | 备　　注 |
| --- | --- | --- | --- |
| 赵工 | Zhao | 系统管理 | 研发部主任 |
| 钱工 | Qian | 系统管理 | 软件开发组 |
| 孙工 | Sun | | |
| 李工 | Li | 网络管理<br>系统备份 | 软件测试组 |
| 简工 | Jian | 打印管理 | |

2．项目要求

1）根据项目背景规划、研发部员工用户账号权限、自定义组信息和用户隶属组关系，填写表 3-4。

**表 3-4　研发部用户与组账号权限规划**

| 自定义组名称 | 组　成　员 | 权　　限 |
| --- | --- | --- |
|  |  |  |
|  |  |  |
|  |  |  |
|  |  |  |

2）在研发部的服务器上完成用户与组的创建，同时要求所有用户第一次登录系统时需要修改密码，并截取以下图片。

（1）截取 /etc/passwd 文件界面，查看用户账号所隶属的组。

（2）截取 /etc/group 文件界面。

# 项目 4　管理 IP 网络

## 学习目标

（1）掌握网络管理服务及其管理。

（2）掌握查看网络信息的相关命令。

（3）掌握配置网络的相关命令。

（4）掌握配置网络的相关文件。

## 项目描述

Jan16 公司运维部最近上线了三台安装了 openEuler 操作系统的计算机作为项目测试机，这三台计算机和现存的一台含有 DHCP 的服务器通过二层交换机实现了局域网组网。为了实现计算机之间的互联互通，需要在三台服务器上配置 IP 地址、子网掩码、网关地址和 DNS 服务器地址等基本信息。实施局域网通信主要有如下几点需求。

（1）计算机 A 作为测试服务器，需要配置静态的网络信息。

（2）计算机 B 作为测试客户端，需要配置动态的网络信息，网络信息从 DHCP 服务器中获取。

（3）计算机 C 作为运维管理控制端，需要配置静态的网络信息。

（4）DHCP 服务器通过一块物理网卡连接到局域网，网络配置信息、路由配置信息及DHCP 服务器已配置好。DHCP 服务器能够为局域网中类似计算机 B 的客户端自动分配网络配置信息，既能作为计算机 A、计算机 B 和计算机 C 的服务器转发数据包，又能作为它们的 DNS 服务器。

Jan16 公司运维部测试局域网拓扑如图 4-1 所示。

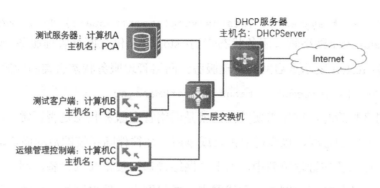

图 4-1  Jan16 公司运维部测试局域网拓扑

## 项目分析

根据运维部测试局域网的组网需求，运维工程师需要在三台计算机上配置网络信息，使三台计算机能够互联互通，并且能够获得通向外网的网关地址和实现域名解析的 DNS 服务器地址，具体可包括以下几个工作任务。

（1）通过命令方式在计算机 A 上配置网络信息。

（2）通过命令方式在计算机 B 上配置网络信息。

（3）通过配置文件方式在计算机 C 上配置网络信息。

为了保证项目的顺利实施，运维工程师规划了设备配置信息，如表 4-1 所示。

表 4-1  设备配置信息

| 设 备 名 | 角     色 | 主 机 名 | 接     口 | IP  地  址 | 网关地址和 DNS 服务器地址 |
|---|---|---|---|---|---|
| 计算机 A | 测试服务器 | PCA | ens33 | 手动配置：<br>192.168.154.10/24 | 192.168.154.2 |
| 计算机 B | 测试客户端 | PCB | ens33 | 自动获取：<br>192.168.154.197/24 | 192.168.154.2 |
| 计算机 C | 运维管理控制端 | PCC | ens33 | 手动配置：<br>192.168.154.11/24 | 192.168.154.2 |

## 相关知识

# 4.1  网络管理服务

网络管理（NetworkManager）服务是指管理和监控网络设置的守护进程，与其他系统守护进程一样，可以通过"systemctl"命令实现进程的状态查询、停止、启动和重启，具体命令的实现语法如下：

```
[root@EulerOS ~] # systemctl {status|stop|start|restart} NetworkManager
```

其中，status 表示网络管理服务状态查询；stop 表示停止网络管理服务；start 表示启动网络管理服务；restart 表示重启网络管理服务。网络管理服务状态查询的代码如下。

```
[root@EulerOS ~]# systemctl status NetworkManager
```

当出现网络故障时，首先需要关注的就是网络管理服务状态是否正常。网络管理服务作为基本服务的守护进程，极少需要停止或重启，往往伴随系统的启动而启动。

在网络管理服务的管理范畴中，网卡（网络接口）被定义为设备，网卡的配置信息被定义为连接。设备包括有线网卡、无线网卡、虚拟网卡、软件网桥、网络组等，而连接则是设备配置信息的集合，包括 IP 地址、子网掩码、网关地址和 DNS 服务器地址等。

openEuler 操作系统对网络设备设计了严格的命名规则，主要根据设备拓扑和设备类型来分配固定的名称。首先，将设备拓扑作为命名依据，如以太网网卡以 en 开头，无线局域网网卡以 wl 开头，无线广域网网卡以 ww 开头；其次，将设备类型作为命名依据，如板载网卡用 o 表示，热插拔插槽网卡用 s 表示，PCI 插槽网卡用 p 表示。此外，通过硬件编号顺序及其相关的功能数字来区分同一拓扑、同一类型的不同网卡。常见的网卡名称有 eno1、ens33、enp2s0 等。

一个连接与一个设备绑定表示设备具备连接中的配置信息，设备被激活，此连接被称为活动的连接。在一般情况下，一个设备只有一个连接，表示可以接入某个网络。但是，一个设备可以有多个连接，对应不同接入网络的配置信息，但在同一时刻最多只有一个连接是活动的（与设备绑定）。当没有连接是活动的时，设备没有接入网络的配置信息，是无法使用的。当设备切换并激活不同的连接时，设备具备不同接入网络的配置信息。

连接中接入网络的配置信息以文件的方式保存在 /etc/sysconfig/network-scripts/ 目录下被命名为"ifcfg-NAME"的文件中，一个文件对应一个连接。连接文件名的命名规则是以"ifcfg-"开头，后接"NAME"，而"NAME"是连接的名称。例如，名为"ens33"的连接对应的物理文件名为"ifcfg-ens33"。每新建一个连接，都会形成一个新的物理文件。

# 4.2 网络管理命令

用户可以通过"nmcli"命令来管理网络设备和连接。nmcli 的常用命令及其作用如表 4-2 所示。

表 4-2 nmcli 的常用命令及其作用

| 命 令 | 作 用 |
| --- | --- |
| nmcli dev status | 以汇总表格的形式显示所有设备的状态。通过此命令既能确认系统中的网络设备名称（网卡名称），又能很好地呈现设备与连接的绑定关系。注意，不要混淆设备名称和连接名称，即使名称相同，两者也是不同种类的对象 |

| 命　　令 | 作　　用 |
|---|---|
| nmcli dev show | 显示所有设备的详细信息 |
| nmcli dev show [DeviceName] | 显示名为"DeviceName"的设备的详细信息 |
| nmcli con show | 以汇总表格的形式显示所有连接的状态。可以通过额外添加"--active"选项来仅显示活动的连接。此命令能很好地呈现设备与连接的绑定状态 |
| nmcli con show [ConnectionName] | 显示名为"ConnectionName"的连接的详细信息。在输出信息中，若左边栏目的名称是英文大写格式，则表示右边栏目的配置信息是激活的 |
| nmcli con add<br>con-name {ConnectionName}<br>type ethernet<br>ifname {DeviceName} | 为网卡"DeviceName"添加一个名为"ConnectionName"的新连接，此方式将网卡设置为动态获取 IP 地址等网络配置信息，并且在默认情况下，此连接的"autoconnect"（自动连接）属性为"yes"，表示当网卡可用但又没有网络配置信息时，网卡会自动使用本连接 |
| nmcli con add<br>con-name {ConnectionName}<br>type ethernet<br>ifname {DeviceName}<br>ip4 {IpAddress/Netmask}<br>gw4 {GatewayIpAddress} | 为网卡"DeviceName"添加一个名为"ConnectionName"的新连接，连接的 IP 地址和子网掩码为"IpAddress/Netmask"，网关为"GatewayIpAddress" |
| nmcli con up {ConnectionName} | 启用（激活）名为"ConnectionName"的连接，若启用成功，则此连接对应的网卡将具备网络配置信息，可以通过"nmcli con show""nmcli con show {ConnectionName}""nmcli dev status""ip addr sh"等命令验证连接是否启用成功 |
| nmcli con down {ConnectionName} | 关闭名为"ConnectionName"的连接，此连接对应的网卡将失去此连接定义的网络配置信息，网卡与连接的绑定关系被解除。若有其他可用连接，而且连接的"autoconnect"属性为"yes"，则连接会尝试与网卡绑定，即连接会被激活 |
| nmcli dev dis {DeviceName} | 禁用名为"DeviceName"的网卡，网卡将不再绑定连接、不再具备网络配置信息 |
| nmcli con del {ConnectionName} | 删除名为"ConnectionName"的连接。此连接被删除后，若有其他可用连接，而且连接的"autoconnect"属性为"yes"，则连接会尝试与网卡绑定 |
| nmcli con mod {ConnectionName}<br>ipv4.method {auto\|manual} | 修改名为"ConnectionName"的连接的 IP 地址，获取模式为"auto"（自动）或"manual"（手动） |
| nmcli con mod {ConnectionName}<br>ipv4.addresses {IpAddress/Netmask} | 修改名为"ConnectionName"的连接的 IPv4 地址、子网掩码为"IpAddress/Netmask"。可以在"ipv4.addresses"参数前使用 + 或 - 表示增加或删除 IP 地址。例如，"+ipv4.addresses 172.25.0.100/24"表示为当前网卡增加一个 IP 地址"172.25.0.100/24"。通过此方式，可以为网卡配置多个不同的 IP 地址 |
| nmcli con mod {ConnectionName}<br>ipv4.gateway {GatewayIpAddress} | 修改名为"ConnectionName"的连接的网关地址为"GatewayIpAddress"。可以在"ipv4.gateway"参数前使用 + 或 - 表示增加或删除网关地址 |
| nmcli con mod {ConnectionName}<br>ipv4.dns {DNSIpAddress} | 修改名为"ConnectionName"的连接的 DNS 服务器地址为"DNSIpAddress"。可以在"ipv4.dns"参数前使用 + 或 - 表示增加或删除 DNS 服务器地址。注意，生效的 DNS 服务器地址至多有 3 个 |

对于新增连接，需要通过"nmcli con up {ConnectionName}"命令激活，激活后才能将此连接的网络配置信息应用到网卡上。修改连接后，需要先通过"nmcli con down

"{ConnectionName}"命令关闭已激活的连接，再使用"nmcli con up {ConnectionName}"命令激活修改后的连接，这样才能将连接的修改信息应用到网卡上。

除"nmcli"命令以外，其他常用的网络管理命令如表 4-3 所示。

**表 4-3   其他常用的网络管理命令**

| 命　令 | 作　用 |
| --- | --- |
| nmtui | 执行此命令将弹出命令行模式下的图形界面配置工具，通过此工具可以添加、编辑、删除及激活连接，还可以修改系统主机名 |
| ping [ 选项 ] {destination} | 测试与"destination"的网络连通性，"destination"可以是主机名、域名或 IP 地址。"ping"命令不会自动终止，需要按 Ctrl+c 组合键终止或用"-c"选项来指定终止条件。<br>各选项含义如下。<br>-n：只输出数值，不尝试将 IP 地址解释为主机名。<br>-c 数量：在发送指定"数量"的包后停止。<br>-I interface\|address：使用指定的网卡或 IP 地址发送数据包。<br>-t TTL：设置发送数据包的 TTL 值（数据包存活时间值） |
| ip addr sh | 显示所有网卡的 IP 地址等网络配置信息 |
| ip addr sh {DeviceName} | 显示某个网卡的 IP 地址等网络配置信息 |
| ip route sh | 显示路由表 |
| ip route {add\|del} {NetworkAddress}/{Netmask} via {NextHopIpAddress} | 添加（add）或删除（del）路由表中的路由条目（以静态路由为主），其中，NetworkAddress 表示目的网络地址，Netmask 表示目的网络子网掩码，NextHopIpAddress 表示下一跳网关地址 |
| ip route {add\|del} default via {NextHopIpAddress} | 添加（add）或删除（del）路由表中的默认路由条目 |
| ss -tulnp | 查看网络连接状态的详细信息，各选项含义如下。<br>-t：仅列出 TCP 的网络连接。<br>-u：仅列出 UDP 的网络连接。<br>-l：仅列出处于侦听（LISTEN）状态的网络连接。<br>-n：使用数值来显示信息（不尝试将 IP 地址解释为主机名或域名）。<br>-p：列出进程 ID（PID）和运行进程的程序命令名称 |
| nslookup [-{DNSServerIPAddress}] | 通过交互式环境，查询域名和 IP 地址对应关系的域名。可选地，可以通过"DNSServerIPAddress"指定查询的 DNS 服务器地址 |
| hostnamectl | 显示系统主机名 |
| hostnamectl set-hostname jan16.example.com | 修改系统主机名，修改后，在当前终端命令提示符中不会立即显示新主机名，需要退出终端并且重新登录新终端才能显示新主机名 |

# 4.3   网络配置文件

## 1. /etc/sysconfig/network-scripts/ifcfg-NAME 文件

"ifcfg-NAME"形式的文件是连接的物理文件，一个文件对应一个连接。在连接文件中，每行的内容含义为"选项 = 选项值"。默认自动获取 IP 地址等网络配置信息的连接内容的示例如下（重点选项及选项值的含义在每行后以注释的形式给出）：

```
[root@EulerOS network-scripts]# cat ifcfg-ens33
TYPE=Ethernet #网络类型：Ethernet 表示以太网
PROXY_METHOD=none
BROWSER_ONLY=no
BOOTPROTO=dhcp #启动协议：none 或 static 表示静态获取 IP 地址等信息，dhcp 表示动态获取
DEFROUTE=yes
IPV4_FAILURE_FATAL=no
IPV6INIT=yes
IPV6_AUTOCONF=yes
IPV6_DEFROUTE=yes
IPV6_FAILURE_FATAL=no
IPV6_ADDR_GEN_MODE=stable-privacy
NAME=ens33      #连接名称
UUID=5c721828-edd0-4ac8-9c88-d65af25fe2a8 #连接的唯一内部标识号
DEVICE=ens33    #设备名称，即网卡、网络设备的硬件名称
ONBOOT=no       #激活启动网卡的模式：yes 表示自动启动，no 表示手动启动。此选项对应连接的
                autoconnect 属性
```

　　手动配置 IP 地址等网络配置信息的连接内容的示例如下：

```
[root@EulerOS network-scripts]# cat ifcfg-ens33
TYPE=Ethernet
PROXY_METHOD=none
BROWSER_ONLY=no
BOOTPROTO=none   #为启动协议选项设置 none 选项值，表示手动配置静态 IP 地址
IPADDR=192.168.154.133 #IP 地址选项：这里指定的 IPv4 地址是 192.168.154.133
PREFIX=24 #子网掩码选项：指定 IP 地址的子网掩码，这里指定为 24 位
GATEWAY=192.168.154.1 #网关地址选项：这里指定网关地址为 192.168.154.1
DNS1=192.168.154.1 #DNS 服务器选项：这里指定 DNS 服务器地址为 192.168.154.1
DEFROUTE=yes
IPV4_FAILURE_FATAL=no
IPV6INIT=yes
IPV6_AUTOCONF=yes
IPV6_DEFROUTE=yes
IPV6_FAILURE_FATAL=no
IPV6_ADDR_GEN_MODE=stable-privacy
NAME=ens33
UUID=5c721828-edd0-4ac8-9c88-d65af25fe2a8
DEVICE=ens33
```

　　如果要为网卡配置多个 IP 地址，那么可以在 IPADDR 和 PREFIX 选项名的后面加上数字标识，从而区分不同的 IP 地址。配置 3 个 IP 地址及其对应的子网掩码的示例如下：

```
IPADDR0=1.1.1.1
PREFIX0=24
IPADDR1=1.1.2.1
PREFIX1=24
IPADDR2=1.1.3.1
```

```
PREFIX2=24
```

类似地，如果要配置多个 DNS 服务器地址，那么可以在 DNS 选项名的后面加上数字标识，从而区分不同的 DNS 服务器地址。但是，在多个 DNS 服务器地址的情况下，最多有 3 个 DNS 服务器地址生效。在一般情况下，只需要配置两个 DNS 服务器地址：

```
DNS1=192.168.154.1
DNS2=114.114.114.144
```

连接配置文件时需要注意以下 3 点：当配置文件中的选项是大写字母时，选项值要注意字母大小写；选项可以通过加 # 号进行注释，以使得某个选项临时失效；选项之间用等号相连，等号两边不能有空格。

### 2. /etc/resolv.conf 文件

/etc/resolv.conf 文件的主要用途是查看生效的 DNS 服务器地址等域名相关信息，此文件由网络管理服务自动管理，不要手动编辑。此文件的典型内容如下：

```
[root@EulerOS ~]# cat /etc/resolv.conf
# Generated by NetworkManager
nameserver 192.168.154.1
```

在上述内容中，最重要的是 nameserver 行，nameserver 后面的 IP 地址表示生效的 DNS 服务器地址。nameserver 行最多为 3 行。

### 3. /etc/hostname 文件

/etc/hostname 文件用于查看或设置计算机的主机名，可以通过直接修改文件内容修改主机名，但是需要重启系统或重启网络管理服务修改才能真正生效。此文件的典型内容如下：

```
[root@EulerOS ~]# cat /etc/hostname
localhost.localdomain
```

### 4. /etc/hosts 文件

/etc/hosts 文件在本地实现域名解析，通过在文件内容中添加域名和 IP 地址的对应关系在本地手动地指定域名和 IP 地址的对应关系，进而实现本地域名解析。此文件的典型内容如下：

```
[root@EulerOS ~]# cat /etc/hosts
127.0.0.1 localhost localhost.localdomain localhost4 localhost4.localdomain4
::1  localhost localhost.localdomain localhost6 localhost6.localdomain6
```

在默认情况下，此文件内容的第一行指定了 127.0.0.1 地址对应的域名，这里对应的域名分别是 localhost、localhost.localdomain、localhost4 和 localhost4.localdomain4。一个 IP 地址对应了 4 个域名，第二行指定了 IPv6 的地址 "::1" 与域名的对应关系。这两行内容可以修改，但是不能删除，删除后会影响系统正常运行。

通过在 /etc/hosts 文件内增加行，可以自定义域名与 IP 地址的对应关系，示例如下：

```
[root@EulerOS ~]# cat /etc/hosts
127.0.0.1 localhost localhost.localdomain localhost4 localhost4.localdomain4
::1 localhost localhost.localdomain localhost6 localhost6.localdomain6
192.168.154.133 web1.jan16.cn ftp1.jan16.cn
```

 任务实施

# 任务 4-1　通过命令方式在计算机 A 上配置网络信息

 任务规划

根据规划，运维工程师需要在计算机 A 上手动配置静态 IP 地址等网络配置信息，从而实现局域网内部通信及通过网关地址的跨网段通信。本任务的步骤如下。

（1）确认连接局域网的网卡。

（2）创建手动配置 IP 地址的新连接。

（3）启用新连接。

 任务实施

### 1. 确认连接局域网的网卡

由于计算机可能不仅有一块网卡，所以可以通过插拔网线及结合"ip addr sh"命令的输出信息的方式来确认连接局域网的网卡。当有信号的网线插入网卡时，通过"ip addr sh"命令就能查看网卡的名称及状态。

假设计算机 A 上有两块网卡，其中一块网卡连接网线，另一块网卡没有连接网线。通过"ip addr sh"命令查看输出信息中"state up"所在行的内容，就能知道有效连接局域网的网卡是 ens33（网卡名），执行命令的结果如下：

```
[root@PCA ~]# ip addr sh
1: lo: <LOOPBACK,UP,LOWER_UP> mtu 65536 qdisc noqueue state UNKNOWN group
default qlen 1000
    link/loopback 00:00:00:00:00:00 brd 00:00:00:00:00:00
    inet 127.0.0.1/8 scope host lo
```

```
      valid_lft forever preferred_lft forever
    inet6 ::1/128 scope host
      valid_lft forever preferred_lft forever
2: ens33: <BROADCAST,MULTICAST,UP,LOWER_UP> mtu 1500 qdisc fq_codel state UP
group default qlen 1000
    link/ether 00:0c:29:04:6d:cd brd ff:ff:ff:ff:ff:ff
    altname enp2s1
      inet 192.168.154.196/24 brd 192.168.154.255 scope global dynamic
noprefixroute ens33
      valid_lft 1721sec preferred_lft 1721sec
    inet6 fe80::6063:820c:9f45:8109/64 scope link noprefixroute
      valid_lft forever preferred_lft forever
3: ens37: <NO-CARRIER,BROADCAST,MULTICAST,UP> mtu 1500 qdisc fq_codel state
DOWN group default qlen 1000
    link/ether 00:0c:29:04:6d:d7 brd ff:ff:ff:ff:ff:ff
    altname enp2s5
```

如果计算机 A 上只有一块网卡，那么通过 "nmcli dev status" 命令可知网卡的名称，
执行命令的结果如下：

```
[root@PCA ~]# nmcli dev status
DEVICE    TYPE       STATE          CONNECTION
ens33     ethernet   connected      ens33
ens37     ethernet   disconnected   --
lo        loopback   unmanaged      --
```

### 2. 创建手动配置 IP 地址的新连接

首先，创建新连接 ens33static，配置 IP 地址、子网掩码和网关地址，配置命令如下：

```
[root@PCA ~]# nmcli con add con-name ens33static ip4 192.168.154.10/24 gw4
192.168.154.2 type ethernet ifname ens33
Connection 'ens33static' (6ddfadcb-d28b-4f77-a3cf-c9eb17ffd4cf) successfully
added.
```

其次，修改连接 ens33static，配置 DNS 服务器地址，配置命令如下：

```
[root@PCA ~]# nmcli con mod ens33static ipv4.dns 192.168.154.2
```

### 3. 启用新连接

启用（激活）配置好的新连接 ens33static，配置命令如下：

```
[root@PCA ~]# nmcli con up ens33static
Connection successfully activated (D-Bus active path: /org/freedesktop/Net-
workManager/ActiveConnection/4)
```

### 任务验证

（1）在计算机 A 上通过 "nmcli con sh" 命令确认新连接 ens33static 是否已经成功绑
定网卡 ens33，验证命令如下：

```
[root@PCA ~]# nmcli con sh
NAME            UUID                                    TYPE       DEVICE
ens33static     6ddfadcb-d28b-4f77-a3cf-c9eb17ffd4cf    ethernet   ens33
ens33           5c721828-edd0-4ac8-9c88-d65af25fe2a8    ethernet   --
```

（2）在计算机 A 上通过 "ip addr sh ens33" 命令验证 IP 地址（192.168.154.10/24），验证命令如下：

```
[root@PCA ~]# ip addr sh ens33
2: ens33: <BROADCAST,MULTICAST,UP,LOWER_UP> mtu 1500 qdisc fq_codel state UP
group default qlen 1000
    link/ether 00:0c:29:04:6d:cd brd ff:ff:ff:ff:ff:ff
    altname enp2s1
    inet 192.168.154.10/24 brd 192.168.154.255 scope global noprefixroute ens33
       valid_lft forever preferred_lft forever
    inet6 fe80::f77b:f514:6624:7e38/64 scope link noprefixroute
       valid_lft forever preferred_lft forever
```

（3）在计算机 A 上通过 "ip route sh" 命令验证网关地址（192.168.154.2），验证命令如下：

```
[root@PCA ~]# ip route sh
default via 192.168.154.2 dev ens33 proto static metric 100
192.168.154.0/24 dev ens33 proto kernel scope link src 192.168.154.10 metric
100
```

（4）在计算机 A 上通过 "cat /etc/resolv.conf" 命令验证 DNS 服务器地址（192.168.154.2），验证命令如下：

```
[root@PCA ~]# cat /etc/resolv.conf
# Generated by NetworkManager
search Jan16
nameserver 192.168.154.2
```

# 任务 4-2　通过命令方式在计算机 B 上配置网络信息

## 任务规划

根据规划，运维工程师需要在计算机 B 上配置动态 IP 地址等网络配置信息，从而实现局域网内部通信及通过网关地址的跨网段通信。本任务的步骤如下。

（1）确认连接局域网的网卡与现有的网络连接。

（2）启用连接。

## 任务实施

### 1. 确认连接局域网的网卡与现有的网络连接

通过 "nmcli dev status" 命令可知网卡的名称为 ens33，执行命令的结果如下：

```
[root@PCB ~]# nmcli dev status
DEVICE  TYPE      STATE         CONNECTION
ens33   ethernet  disconnected  --
lo      loopback  unmanaged     --
```

通过 "nmcli con sh" 命令可知系统的所有可用连接为 ens33，执行命令的结果如下：

```
[root@PCB ~]# nmcli con sh
NAME    UUID                                  TYPE      DEVICE
ens33   5c721828-edd0-4ac8-9c88-d65af25fe2a8  ethernet  --
```

通过 "nmcli con sh ens33" 命令查看连接 ens33 的详细信息，其中 "ipv4.method" 选项的选项值为 "auto"，由此可知 IP 地址的获取模式为 "自动"，执行命令的结果如下：

```
[root@PCB ~]# nmcli con sh ens33
connection.id:                    ens33
connection.uuid:                  5c721828-edd0-4ac8-9c88-d65af25fe2a8
connection.stable-id:             --
connection.type:                  802-3-ethernet
connection.interface-name:        ens33
connection.autoconnect:           no
# 此处省略输出信息 #
ipv4.method:                      auto
# 此处省略输出信息 #
```

### 2. 启用连接

由步骤 1 的输出信息可知，启用（激活）现有连接 ens33，网卡 ens33 即可自动获取 IP 地址等网络配置信息，配置命令如下：

```
[root@PCB ~]# nmcli con up ens33
Connection successfully activated (D-Bus active path: /org/freedesktop/
NetworkManager/ActiveConnection/2)
```

如果现有的连接不合适，那么可以创建具备自动获取模式的新连接并启用新连接，配置命令如下：

```
[root@PCB ~]# nmcli con add con-name ens33newauto type ethernet ifname ens33
Connection 'ens33newauto' (adcb9a0f-2271-4422-a6d0-236a3271a274) successfully
added.
[root@PCB ~]# nmcli con up ens33newauto
Connection successfully activated (D-Bus active path: /org/freedesktop/
NetworkManager/ActiveConnection/3)
```

🌿 **任务验证**

（1）在计算机 B 上通过"ip addr sh ens33"命令确认能否自动获取到正确的 IP 地址（192.168.154.197/24），验证命令如下：

```
[root@PCB ~]# ip addr sh ens33
2: ens33: <BROADCAST,MULTICAST,UP,LOWER_UP> mtu 1500 qdisc fq_codel state UP
group default qlen 1000
    link/ether 00:0c:29:0a:55:4a brd ff:ff:ff:ff:ff:ff
    altname enp2s1
    inet 192.168.154.197/24 brd 192.168.154.255 scope global dynamic noprefixroute
ens33
       valid_lft 1714sec preferred_lft 1714sec
    inet6 fe80::7dcb:939d:8bf5:7422/64 scope link noprefixroute
       valid_lft forever preferred_lft forever
```

（2）在计算机 B 上通过"ping"命令确认其能和计算机 A 互联互通，验证命令如下：

```
[root@PCB ~]# ping 192.168.154.10
PING 192.168.154.10 (192.168.154.10) 56(84) bytes of data.
64 bytes from 192.168.154.10: icmp_seq=1 ttl=64 time=0.316 ms
64 bytes from 192.168.154.10: icmp_seq=2 ttl=64 time=1.56 ms
64 bytes from 192.168.154.10: icmp_seq=3 ttl=64 time=1.33 ms
^C
--- 192.168.154.10 ping statistics ---
3 packets transmitted, 3 received, 0% packet loss, time 2025ms
rtt min/avg/max/mdev = 0.316/1.065/1.555/0.538 ms
```

# 任务 4-3　通过配置文件方式在计算机 C 上配置网络信息

🌿 **任务规划**

根据规划，运维工程师需要在计算机 C 上配置静态 IP 地址等网络配置信息，从而实现局域网内部通信及通过网关地址的跨网段通信。本任务的步骤如下。

（1）确认连接局域网的网卡与现有的网络连接。

（2）修改连接的物理配置文件内容。

（3）启用连接。

## 任务实施

### 1. 确认连接局域网的网卡与现有的网络连接

通过"nmcli dev status"命令可知网卡的名称为 ens33，执行命令的结果如下：

```
[root@PCC ~]# nmcli dev status
DEVICE   TYPE       STATE         CONNECTION
ens33    ethernet   disconnected  --
lo       loopback   unmanaged     --
```

通过"nmcli con sh"命令可知系统的所有可用连接为 ens33，执行命令的结果如下：

```
[root@PCC ~]# nmcli con sh
NAME        UUID                                    TYPE       DEVICE
ens33       5c721828-edd0-4ac8-9c88-d65af25fe2a8    ethernet   --
```

通过检查"/etc/sysconfig/network-scripts"目录下的内容，确定现有连接的物理文件名称为 ifcfg-ens33，代码如下：

```
[root@PCC ~]# cd /etc/sysconfig/network-scripts/
[root@PCC network-scripts]# ls
ifcfg-ens33
```

### 2. 修改连接的物理配置文件内容

根据配置需求，修改或新增文件中的选项，修改"BOOTPROTO"选项的值为"none"，修改"ONBOOT"选项的值为"yes"，新增"IPADDR"选项并设置其值为"192.168.154.11"，新增"PREFIX"选项并设置其值为"24"，新增"GATEWAY"选项并设置其值为"192.168.154.2"，新增"DNS1"选项并设置其值为"192.168.154.2"，配置命令如下：

```
[root@PCA network-scripts]# vi ifcfg-ens33
TYPE=Ethernet
PROXY_METHOD=none
BROWSER_ONLY=no
BOOTPROTO=none
IPADDR=192.168.154.11
PREFIX=24
GATEWAY=192.168.154.2
DNS1=192.168.154.2
DEFROUTE=yes
IPV4_FAILURE_FATAL=no
IPV6INIT=yes
IPV6_AUTOCONF=yes
IPV6_DEFROUTE=yes
IPV6_FAILURE_FATAL=no
IPV6_ADDR_GEN_MODE=stable-privacy
NAME=ens33
UUID=5c721828-edd0-4ac8-9c88-d65af25fe2a8
```

```
DEVICE=ens33
ONBOOT=yes
```

### 3. 启用连接

通过重启网络管理服务的方式重新识别连接文件的最新内容并启用可用连接，配置命令如下：

```
[root@PCC ~]# systemctl restart NetworkManager
```

如果没有修改连接文件中"ONBOOT"选项的值为"yes"，依然保持其值为"no"，那么在重启网络管理服务后，此连接不会被自动启用。可以通过手动启用连接的方式启用连接的新配置内容，配置命令如下：

```
[root@PCC ~]# nmcli con up ens33
Connection successfully activated (D-Bus active path: /org/freedesktop/
NetworkManager/ActiveConnection/2)
```

## 任务验证

（1）在计算机 C 上通过"nmcli con sh"命令确认新连接 ens33 是否已经成功绑定网卡 ens33，验证命令如下：

```
[root@PCC ~]# nmcli con sh
NAME    UUID                                   TYPE       DEVICE
ens33   5c721828-edd0-4ac8-9c88-d65af25fe2a8   ethernet   ens33
```

（2）在计算机 C 上通过"ip addr sh ens33"命令确认能否自动获取到正确的 IP 地址（192.168.154.11/24），验证命令如下：

```
[root@PCC ~]# ip addr sh ens33
2: ens33: <BROADCAST,MULTICAST,UP,LOWER_UP> mtu 1500 qdisc fq_codel state UP
group default qlen 1000
    link/ether 00:0c:29:07:8b:a4 brd ff:ff:ff:ff:ff:ff
    altname enp2s1
    inet 192.168.154.11/24 brd 192.168.154.255 scope global noprefixroute ens33
       valid_lft forever preferred_lft forever
    inet6 fe80::c86e:3ff7:e7b1:b015/64 scope link noprefixroute
       valid_lft forever preferred_lft forever
```

（3）在计算机 C 上通过"ip route sh"命令验证网关地址（192.168.154.2），验证命令如下：

```
[root@PCC ~]# ip route sh
default via 192.168.154.2 dev ens33 proto static metric 100
192.168.154.0/24 dev ens33 proto kernel scope link src 192.168.154.11 metric
100
```

（4）在计算机 C 上通过"cat/etc/resolv.conf"命令验证 DNS 服务器地址（192.168.154.2），验证命令如下：

```
[root@PCC ~]# cat /etc/resolv.conf
```

```
# Generated by NetworkManager
search Jan16
nameserver 192.168.154.2
```

（5）在计算机 C 上通过"ping"命令确认其能和计算机 A 与计算机 B 互联互通，验证命令如下：

```
[root@PCC ~]# ping 192.168.154.10
PING 192.168.154.10 (192.168.154.10) 56(84) bytes of data.
64 bytes from 192.168.154.10: icmp_seq=1 ttl=64 time=0.436 ms
^C
--- 192.168.154.10 ping statistics ---
1 packets transmitted, 1 received, 0% packet loss, time 0ms
rtt min/avg/max/mdev = 0.436/0.436/0.436/0.000 ms
[root@PCC ~]# ping 192.168.154.197
PING 192.168.154.197 (192.168.154.197) 56(84) bytes of data.
64 bytes from 192.168.154.197: icmp_seq=1 ttl=64 time=0.244 ms
^C
--- 192.168.154.197 ping statistics ---
1 packets transmitted, 1 received, 0% packet loss, time 0ms
rtt min/avg/max/mdev = 0.244/0.244/0.244/0.000 ms
```

## 练 习 与 实 践

### 一、理论习题

简答题

1. 简述通过命令方式为网卡配置生效的 IP 地址等网络配置信息的思路。

2. 简述通过配置文件方式为网卡配置生效的 IP 地址等网络配置信息的思路。

3. 简述连接文件中的常用选项及其含义。

4. 简述通过新建连接物理文件方式为网卡配置 IP 地址等网络配置信息的思路。

### 二、项目实训题

PC1、PC2 和 PC3 均通过一张网卡连接同一个交换机局域网。Jan16 公司开发部测试局域网的设备信息如表 4-4 所示，Jan16 公司开发部测试局域网的网络拓扑如图 4-2 所示。

**表 4-4　Jan16 公司开发部测试局域网的设备信息**

| 设 备 名 | 主 机 名 | 网 络 地 址 | 角 色 |
|---|---|---|---|
| 测试机 1 | PC1 | IP 地址：192.168.12.1/24<br>网关地址：192.168.12.254/24<br>DNS 服务器地址：192.168.12.254/24 | 客户端 |

续表

| 设 备 名 | 主 机 名 | 网 络 地 址 | 角　色 |
|---|---|---|---|
| 测试机 2 | PC2 | IP 地址：192.168.12.254/24<br>IP 地址：192.168.13.254/24 | 路由器 |
| 测试机 3 | PC3 | IP 地址：192.168.13.1/24<br>网关地址：192.168.13.254/24<br>DNS 服务器地址：192.168.13.254/24 | 客户端 |

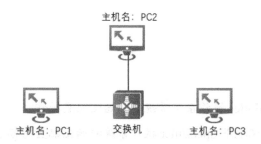

**图 4-2　Jan16 公司开发部测试局域网的网络拓扑**

具体要求如下：

（1）在 PC1 和 PC3 上配置 IP 地址、子网掩码、网关地址和 DNS 服务器地址，结果以截图显示。

（2）在 PC2 上为一块网卡配置两个 IP 地址及相应的子网掩码，结果以截图显示。暂不要求开启机器的路由及转发功能，暂不要求 PC1 和 PC3 能够互联互通。

（3）测试 PC1 能否与 PC2 的同网段地址互联互通，测试 PC3 能否与 PC2 的同网段地址互联互通，结果以截图显示。

# 项目 5　openEuler 操作系统的基础配置

## 学习目标

（1）掌握企业 openEuler 操作系统常规的初始化配置操作。

（2）理解企业生产环境下 openEuler 操作系统初始化配置的标准流程。

## 项目描述

Jan16 公司在信息中心机房新增了一台新的应用服务器，并且安装了全新的 openEuler 操作系统。为确保服务器操作系统能安全、稳定地运行，要为服务器上的应用创建统一的底层操作系统环境。现需要运维工程师对这台服务器操作系统进行初始化配置。信息中心机房新增服务器的基本信息如表 5-1 所示。

表 5-1　信息中心机房新增服务器的基本信息

| 配　置　名　称 | 配　置　信　息 |
| --- | --- |
| 设备名称 | JX3260 |
| 超级管理员登录账号 | root |
| 超级管理员登录密码 | Jan16@123 |

为了日后服务器操作系统配置的规范化，Jan16 公司针对服务器操作系统的初始化配置提出以下要求。

（1）业务主机入网前需要统一基础环境，如语言、时区、键盘布局等。

（2）默认使用本地软件仓库源提供的软件包。

（3）业务主机统一使用静态 IP 地址提供业务访问功能。

（4）业务主机需要确保系统时间的准确性。

（5）业务主机需要配置安全的远程登录访问，以方便日后的业务调试、日常巡检及故障修复等工作。

 项目分析

　　根据 Jan16 公司需求，运维工程师需要完成 openEuler 操作系统的初始化配置，具体包括如下几个工作任务。

　　（1）配置系统的基本环境。

　　（2）配置系统的网络连接。

　　（3）配置系统的软件仓库源。

　　（4）校准系统时间。

　　为了完成上述工作任务，运维工程师规划了服务器基本配置信息，如表 5-2 所示。

**表 5-2　服务器基本配置信息**

| 配 置 名 称 | 配 置 信 息 |
| --- | --- |
| 主机名 | webApp03 |
| 时区 | Asia/Shanghai |
| 键盘布局 | cn |
| 语言 | zh_CN.UTF-8 |
| IP 地址 | 192.168.238.103/24 |
| 网关地址 | 192.168.238.2 |
| DNS 服务器地址 | 192.168.238.2 |
| NTP 服务器 | ntp.aliyun.com |
| 软件仓库源 | repo.huaweicloud.com |

🦋 相关知识

# 5.1　网络连接的基本概念

### 1. 局域网和广域网

　　按照覆盖范围的不同，网络主要可以分为局域网和广域网。局域网（Local Area Network，LAN）主要是指覆盖局部区域（如办公室或楼层）的计算机网络，广域网（Wide Area Network，WAN）主要是指连接不同地区的局域网或城域网以实现计算机通信的远程网络。在一般情况下，服务器接入局域网，其网络流量可通过路由器、防火墙等设备进入广域网。

### 2. IP 地址

IP 地址（Internet Protocol Address）是设备接入网络的标识。服务器通过配置 IP 地址与其他服务器或设备通信，没有 IP 地址将无法识别发送方和接收方，因此 IP 地址除了具有设备标识功能，还具有寻址功能。

目前，IP 地址主要分为 IPv4 地址与 IPv6 地址两大类。IPv4 地址由 4 个十进制数字组成，并以"."符号分隔，如 172.16.254.1；IPv6 地址由十六进制数字（转换为二进制数则是 128 位）组成，以"："符号分隔，如 2001:db8:0:1234:0:567:8:1。不同的局域网 IP 地址可以通过子网掩码（标识 IP 地址位数的十进制数字，IPv4 地址最大是 32 位，IPv6 地址最大是 128 位）划分，如 172.16.254.0/24，其中 24 代表子网掩码的长度。

### 3. 网关

在计算机网络中，网关（Gateway）是用于转发其他服务器通信数据的设备，一般也将路由器的 IP 地址称为网关地址，网关通常用于连接局域网和互联网。

### 4. 主机名

主机名（Hostname）是服务器操作系统中显示的名字。在一般情况下，人们通过 IP 地址在网络上寻找和定位一台计算机，但是 IP 地址可读性太低，因此人们用易读、好记、有意义的单词来代替 IP 地址，这就是主机名。

### 5. 域名系统

域名系统（Domain Name System，DNS）是将主机名（域名）和 IP 地址相互映射的分布式数据库。为了实现用主机名来寻找和定位一台计算机的目标，需要在设备中设置 DNS 服务器地址。DNS 服务器地址允许与设备的 IP 地址处于不同的网段，只要主机能通过路由到达 DNS 服务器即可。

在 openEuler 操作系统中，默认使用网络管理服务进程管理网卡的配置。用户可以通过 GNOME 桌面环境下的图形界面工具 Wired Connected、终端图形界面工具 nmtui、终端命令行工具 nmcli 这三种工具来配置上述的网络配置信息。

## 5.2 软件仓库源

软件仓库源是 Linux 操作系统的应用软件安装仓库，收录了很多应用软件，软件仓库源可以是网络服务器、光盘或硬盘上的一个目录，主要通过"/etc/yum.repos.d/"目录下以

".repo"为后缀的文件定义。在 openEuler 操作系统中，可以通过"yum"命令或"dnf"（YUM 4 支持的命令）命令管理软件。

# 5.3　系统时间

服务器系统时间的准确性非常重要，特别是在对外提供应用服务的系统上，错误的系统时间会带来糟糕的用户体验，甚至会引起数据错误进而造成重大损失。在 openEuler 操作系统中，系统时间的准确性是由 NTP 来确保的，该协议主要通过在系统内部运行的守护进程核对系统内核的时钟信息与网络中的时钟信息。若两者出现偏差，则以网络中的时钟信息为准，通过特定的机制更新系统内核的时钟信息，而网络中的时钟信息则被称作时间源。

# 5.4　SSH 远程登录

安全外壳（Secure Shell，SSH）协议是一种加密的网络传输协议，可以在不安全的网络中为网络服务提供安全的传输环境。SSH 通过在网络中创建安全隧道来实现 SSH 客户端与服务器之间的连接。SSH 的最常见用途是远程登录，人们通常利用 SSH 来传输命令行界面和远程执行命令。

当服务器建立网络连接后，用户可以通过网络远程访问和管理系统。SSH 是通用的远程系统管理工具之一，它允许用户远程登录系统和执行命令。SSH 可以使用加密技术在网络中传输数据，因此具有很高的安全性。用户在网络连接畅通的情况下，可以使用 SSH 客户端连接到启用了 SSH 的主机。常用的 SSH 客户端如表 5-3 所示。

表 5-3　常用的 SSH 客户端

| SSH 客户端 | 平　台 | 特　　点 |
|---|---|---|
| openssh-client | Linux | 由 OpenSSH 软件提供，Linux 操作系统自带的 SSH 客户端 |
| putty | Windows | 开源软件，免费使用，软件小巧，免安装，方便携带 |
| xshell | Windows | 商业软件，对学校、家庭使用免费，功能强大 |
| MobaXterm | Windows | 商业软件，可免费使用，支持多种远程工具和命令 |

在远程连接和登录服务器系统时，因为涉及对端服务器的 IP 地址及登录的账号、密码等安全敏感信息，所以要特别注意安全问题，既要对服务器进行安全加固，也要对客户端进行安全审查。

# 5.5 安全策略

在 Linux 操作系统中，提供访问控制安全策略的主要为防火墙和安全增强式 Linux（Security-Enhanced Linux，SELinux）。其中，防火墙主要用于保护操作系统免受外界网络流量的攻击，它允许运维工程师通过自定义防火墙规则来控制主机接收或发送网络流量，以达到保护操作系统的目的；安全增强式 Linux 是 Linux 内核的一个安全模块，主要提供操作系统内部的访问控制安全策略和防护机制。在一般情况下，为了保证业务系统正常运行，运维工程师会在进行业务系统建设时关闭操作系统中的访问控制安全策略和防护机制。

 项目实施

# 任务 5-1　配置系统的基本环境

 任务规划

在本任务中，运维工程师需要根据服务器的基本配置信息来配置系统的基本环境。本任务的步骤如下。

（1）配置系统的日期和时间。

（2）配置系统的本地化。

（3）配置系统的键盘布局。

扫一扫

微课：配置系统的基本环境

任务实施

## 1. 配置系统的日期和时间

（1）通过"date"命令确认系统当前的日期和时间，配置命令如下：

```
[root@EulerOS ~]# date
2022 年 03 月 16 日 星期三 10:06:10 CST
# 可以看出当前系统的日期和时间为 2022 年 3 月 16 日星期三的 10 点 6 分，其中 CST 表示中国标准时
  间，但真正的时间为 12 点 6 分，系统时间慢了 2 小时
```

（2）通过"date -s"命令修正当前系统的日期和时间为 2022 年 3 月 16 日星期三的 12点 6 分，配置命令如下：

```
[root@EulerOS ~]# date -s "2022-03-16 12:06"
2022 年 03 月 16 日 星期三 12:06:10 CST
```

（3）通过"date -s"命令修改系统内核的时间，为了确保系统内核的时间与硬件时钟时间一致，需要执行"hwclock"命令进行同步，配置命令如下：

```
[root@EulerOS ~]# hwclock --systohc
```

（4）为了确保时区的正确性，需要通过"timedatectl"命令修改当前系统的时区为"Asia/Shanghai"（亚洲 / 上海），即东八区，配置命令如下：

```
[root@EulerOS ~]# timedatectl  set-timezone Asia/Shanghai
```

### 2. 配置系统的本地化

（1）通过"localectl status"命令查看当前系统的本地化设置，配置命令如下：

```
[root@EulerOS ~]# localectl status
System Locale: LANG=en_US.utf8    #此处说明当前系统的本地化设置为"LANG=en_US.utf8"
VC Keymap: us
X11 Layout: us
```

（2）通过"localectl set-locale"命令修改系统的本地化设置（也可以通过"localectl list-locales"命令列出更多的可用本地化设置），配置命令如下：

```
[root@EulerOS ~]# localectl set-locale LANG=zh_CN.UTF-8
```

### 3. 配置系统的键盘布局

（1）通过"localectl status"命令确认系统当前默认的键盘布局，配置命令如下：

```
[root@EulerOS ~]# localectl status
System Locale: LANG=zh_CN.UTF-8
VC Keymap: n/a            #此处说明当前 VC 没有设定为键盘布局
X11 Layout: us            #此处说明 X11 界面设定的键盘布局为 us
```

（2）通过"localectl"命令将 VC 和 X11 界面的键盘布局均修改为 cn，配置命令如下：

```
[root@EulerOS ~]# localectl  set-keymap cn
[root@EulerOS ~]# localectl  set-x11-keymap cn
```

## 🌸 任务验证

（1）通过"timedatectl"命令查看当前系统的日期和时间的详细信息，查看结果如下：

```
root@EulerOS ~]# timedatectl
              Local time: 三 2022-03-16 12:06:51 CST
          Universal time: 三 2022-03-16 12:06:51 UTC
                RTC time: 三 2022-03-16 12:06:52
               Time zone: Asia/Shanghai (CST, +0800)
System clock synchronized: yes
             NTP service: active
         RTC in local TZ: no
```

（2）通过"localectl"命令查看系统的本地化、键盘布局，查看结果如下：

```
[root@EulerOS ~]# localectl status
System Locale: LANG=zh_CN.UTF-8
VC Keymap: cn
X11 Layout: cn
```

# 任务 5-2　配置系统的软件仓库源

## 任务规划

在连接网络后，服务器应能正常上网，接下来为了确保服务器能够使用软件包更全面且下载速度更快的软件仓库源，运维工程师需要更改 openEuler 操作系统自带的软件仓库源。本任务的步骤如下。

（1）备份并移除原软件仓库源的配置文件。

（2）创建华为云软件仓库源的配置文件。

（3）建立软件仓库源的缓存列表。

扫一扫

微课：配置系统的软件
仓库源

## 任务实施

### 1. 备份并移除原软件仓库源的配置文件

（1）通过"mkdir"命令创建备份原软件仓库源配置文件的目录，这里创建的目录名为"backup"，配置命令如下：

```
[root@webApp03 ~]# mkdir /etc/yum.repos.d/backup
```

（2）通过"mv"命令将原软件仓库源配置文件移动到"backup"目录下，作为备份，配置命令如下：

```
[root@webApp03 ~]# mv /etc/yum.repos.d/*.repo /etc/yum.repos.d/backup
```

### 2. 创建华为云软件仓库源的配置文件

在服务器中创建华为云软件仓库源，主要用于提供用户空间所使用的第三方软件包和操作系统所需的底层软件包，配置命令如下：

```
[root@webApp03 ~]# vi /etc/yum.repos.d/EulerOS-base.repo
[EulerOS-base]
name=EulerOS-base
baseurl=http://repo.huaweicloud.com/euler/2.2/os/x86_64/
enabled=1
```

```
gpgcheck=0
```

### 3. 建立软件仓库源的缓存列表

（1）清空原软件仓库源的缓存信息，配置命令如下：

```
[root@webApp03 ~]# yum clean all
```

（2）通过 "yum makecache" 命令建立软件仓库源的缓存列表，配置命令如下：

```
[root@webApp03 ~]# yum makecache
EulerOS-base                          5.1 kB/s | 2.9 kB      00:00
Metadata cache created.
```

## 任务验证

通过 "yum repolist -v" 命令列出当前已配置的软件仓库源信息，配置命令如下：

```
[root@webApp03 ~]# yum repolist -v
Loaded plugins: builddep, changelog, config-manager, copr, debug, debuginfo-
install, download, generate_completion_cache, needs-restarting, playground,
repoclosure, repodiff, repograph, repomanage, reposync
YUM version: 4.2.23
cachedir: /var/cache/dnf
Last metadata expiration check: 0:00:10 ago on 2022 年 03 月 16 日 星期三 11 时 25
分 35 秒 .
Repo-id             : EulerOS-base
Repo-name           : EulerOS-base
Repo-revision       : 1612865368
Repo-updated        : 2021 年 02 月 09 日 星期二 18 时 13 分 37 秒
Repo-pkgs           : 14,890
Repo-available-pkgs: 14,890
Repo-size           : 28 G
Repo-baseurl        : http://repo.huaweicloud.com/euler/2.2/os/x86_64/
Repo-expire         : 172,800 second(s) (last: 2022 年 03 月 16 日 星期三 11 时 25
分 35 秒 )
Repo-filename       : /etc/yum.repos.d/local.repo
Total packages: 14,890
```

# 任务 5-3　校准系统时间

## 任务规划

为进一步确保服务器系统时间的准确性，运维工程师需要为
NTP 服务器配置时间源。本任务的步骤如下。

（1）部署 Chrony 时间同步服务。

扫一扫

微课：校准系统的时间

（2）修改 Chrony 时间同步服务的主配置文件。

（3）启动 Chrony 时间同步服务。

## 任务实施

### 1. 部署 Chrony 时间同步服务

通过"yum"命令安装 Chrony 软件，配置命令如下：

```
[root@webApp03 ~]# yum install chrony
```

### 2. 修改 Chrony 时间同步服务的主配置文件

通过"vim"命令编辑"/etc/chrony.conf"配置文件，添加规划的 NTP 服务器时间源记录，配置命令如下：

```
[root@webApp03 ~]# vim /etc/chrony.conf
# pool 2.centos.pool.ntp.org iburstserver ntp.aliyun.com iburst
```

### 3. 启动 Chrony 时间同步服务

通过"systemctl"命令启动 Chrony 时间同步服务守护进程，并设置为开机自启动，配置命令如下：

```
[root@webApp03 ~]# systemctl restart chronyd
[root@webApp03 ~]# systemctl enable chronyd
Created symlink /etc/systemd/system/multi-user.target.wants/chronyd.service →
/usr/lib/systemd/system/chronyd.service.
```

## 任务验证

（1）通过"timedatectl status"命令可以看到时钟状态为系统时间已同步,查看结果如下：

```
[root@webApp03 ~]# timedatectl status
                 Local time: 三 2022-03-16 11:30:22 CST
            Universal time: 三 2022-03-16 03:30:22 UTC
                  RTC time: 三 2022-03-16 03:30:22
                 Time zone: Asia/Shanghai (CST, +0800)
System clock synchronized: yes
              NTP service: active
          RTC in local TZ: no
```

（2）通过"chronyc sources -v"命令可以看到系统时间已与指定的时间源同步,并且只有一个 NTP 服务器,查看结果如下：

```
[root@localhost ~]# chronyc sources -v
 .-- Source mode  '^' = server, '=' = peer, '#' = local clock.
/ .- Source state '*' = current best, '+' = combined, '-' = not combined,
```

```
| /                'x' = may be in error, '~' = too variable, '?' = unusable.
||                                    .- xxxx [ yyyy ] +/- zzzz
||       Reachability register (octal) -.   | xxxx = adjusted offset,
||       Log2(Polling interval) --.      | | yyyy = measured offset,
||                              \         | | zzzz = estimated error.
||                              |         | | \
MS Name/IP address           Stratum Poll Reach LastRx Last sample
===============================================================================
^ ^ 203.107.6.88                2    6   37      7   -67us[ +280us] +/-   40ms
```

## 练 习 与 实 践

一、理论习题

选择题

1. 以下（　　）不是 openEuler 操作系统的软件安装命令。

　　A．rpm　　　　　　　B．yum　　　　　C．apt　　　　D．dnf

2. openEuler 操作系统不使用以下（　　）服务进程进行时间同步。

　　A．ntpdate　　　　　　B．ntpd　　　　　C．chronyd　　D．timedatectl

3. 以下（　　）不是造成 Linux 主机 A 无法 ping 通 Linux 主机 B 的原因。

　　A．主机 A 和主机 B 在同一个局域网中，主机 A 和主机 B 都没有配置网关地址

　　B．主机 A 和主机 B 不在同一个局域网中，主机 B 没有配置网关地址

　　C．主机 A 和主机 B 在同一个局域网中，主机 A 没有执行 "nmcli connection ens33 up" 命令

　　D．主机 A 和主机 B 在不同的局域网中，主机 A 的网关上没有去往主机 B 的路由

4. 主机 A 和主机 B 执行的命令记录如下所示，说法正确的是（　　）。

```
[root@hostA ~]# ssh-keygen
[root@hostA ~]# ssh-copy-id hostB
[root@hongB ~]# vim /etc/chrony.conf
# pool 2.centos.pool.ntp.org iburst
server hostA iburst
[root@hongB ~]# systemctl start chronyd
```

　　A．主机 B 能免密登录主机 A

　　B．主机 A 和主机 B 能互相免密登录

　　C．主机 A 只有一个时间同步源，时间源是主机 B

　　D．主机 B 只有一个时间同步源，时间源是主机 A

5. 主机 A 的某配置信息如下所示，说法正确的是（　　）。

```
TYPE=Ethernet
BOOTPROTO=dhcp
NAME=ens33
DEVICE=ens33
ONBOOT=yes
```

A. 这是主机 A 上名为 ifcfg-ens33 的网卡配置文件，对应的设备名称为 ens33

B. 主机 A 重启后 ens33 网卡还会获取到 IP 地址

C. 主机 A 使用的是静态 IP 地址

D. 此配置文件中还缺少 IPADDR、NETMASK、GATEWAY 等配置项和参数

## 二、项目实训题

Jan16 公司新增了多台安装了 openEuler 操作系统的服务器，运维工程师需要根据配置要求初始化各设备的操作系统。项目实施拓扑如图 5-1 所示。

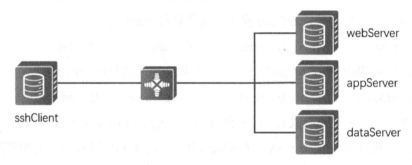

图 5-1　项目实施拓扑

配置要求如表 5-4 所示。

表 5-4　配置要求

| 序　号 | 设　备 | 主 机 名 | IP 地 址 | 安 装 应 用 |
| --- | --- | --- | --- | --- |
| 1 | webServer | Jan16-web | 192.168.238.201/24 | httpd |
| 2 | appServer | Jan16-app | 192.168.238.202/24 | php |
| 3 | dataServer | Jan16-data | 192.168.238.203/24 | mariadb |
| 4 | sshClient | Jan16-ssh | 192.168.238.101/24 | openssh-clients |

（1）分别在 4 台设备上执行 "hostname" 命令查看主机名并截图。

（2）截取 4 台设备的 IP 地址配置结果。

（3）在 webServer 设备上使用 "ping" 命令测试其与其他 3 台设备的连通性并截图。

# 项目 6　企业内部数据存储与共享

## 学习目标

（1）掌握企业安装了 openEuler 操作系统的服务器实现内部数据存储与共享的方式。

（2）掌握企业 Samba 服务器的用户认证方式。

（3）理解企业生产环境下 Samba 服务器配置的标准流程。

## 项目描述

Jan16 公司各部门在维护与管理公司的过程中需要填写大量的纸质日志和文档，为了方便文档管理，公司决定采用电子文档的方式将日志和文档保存在公司的文件服务器上。

为了解决此问题，Jan16 公司将在已经安装了 openEuler 操作系统的服务器上部署内部数据存储与共享服务器，以实现文件共享。数据存储与共享服务器的基本信息如表6-1所示。

表 6-1　数据存储与共享服务器的基本信息

| 配 置 名 称 | 配 置 信 息 |
| --- | --- |
| 设备名 | JX3261 |
| CPU | 2 核心 2 线程 |
| 内存 | 2GB |
| 存储 | 100GB |
| 主机名 | fileServer01 |
| IP 地址 | 192.168.238.104/24 |

根据工作需要，Jan16 公司希望不同部门、不同职级的员工享有不同的资源访问或写入权限，建设数据存储与共享服务器的具体要求如下。

（1）设置用于所有员工临时保存和交换文件的公共文件夹，所有员工都能上传和下载公共文件夹中的文件，但每个员工只能删除自己上传的文件，不能删除其他员工上传的文件。

（2）设置用于管理部发布各类通知 / 公告文件的文件夹，所有登录用户都可以访问，但只有管理部人员可以上传和删除文件。

（3）设置用于保存财务相关文件的目录，只允许财务部人员访问并且只有财务部主管才可以上传和删除文件，其他人无访问权限。

项目任务实施拓扑如图 6-1 所示。

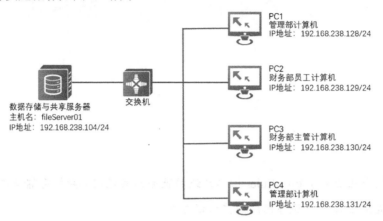

图 6-1　项目任务实施拓扑

## 项目分析

根据 Jan16 公司的文件共享要求，运维工程师计划在数据存储与共享服务器 fileServer01 上部署 Samba 服务。首先，创建相应的目录作为共享目录，并为各个部门的员工新建 Samba 登录用户账号；其次，结合 Samba 服务中的用户访问权限管理技术和 openEuler 文件权限系统管理技术，实现员工访问共享文件的权限控制。

综上所述，运维工程师需要完成以下几个工作任务。

（1）共享文件及权限的配置。

（2）配置 Samba 服务器的用户共享。

（3）配置 NFS 服务器的用户共享。

运维工程师对公司部分员工的账号信息和文件共享资源进行了规划，分别如表 6-2 和表 6-3 所示。

表 6-2　账号信息规划

| 员工姓名 | 所属部门 | 用户账号 | 账号所属组 | 用户密码 |
| --- | --- | --- | --- | --- |
| 张林 | 管理部 | zhanglin | guanli | Jan16@111 |
| 马骏 | 财务部 | majun | caiwu | Jan16@221 |
| 陈锋 | 财务部（主管） | chenfeng | caiwu | Jan16@222 |

表 6-3　文件共享资源规划

| 共享名 | 详细路径 | 文件所属用户 | 文件所属组 | 文件权限 | 可读用户 | 可写用户 |
| --- | --- | --- | --- | --- | --- | --- |
| 公共 | /share/public | root | root | 1777 | 所有用户 | 所有用户 |

续表

| 共享名 | 详细路径 | 文件所属用户 | 文件所属组 | 文件权限 | 可读用户 | 可写用户 |
|--------|----------|--------------|-----------|----------|----------|----------|
| 管理 | /share/management | root | guanli | 775 | 所有用户 | guanli 组用户 |
| 财务 | /share/financial | chenfeng | caiwu | 750 | caiwu 组用户 | chenfeng |

 相关知识

# 6.1　openEuler 文件权限

通过文件权限可控制用户对文件的访问。openEuler 文件权限系统操作简单，易于理解和应用，可以轻松地处理最常见的情况。

文件只具有 3 个应用权限的用户类别。文件归用户所有，这里的用户通常是指创建文件的用户；文件还归单个组所有，这里的单个组通常是指创建该文件的主要用户组，但是可以更改；文件可以为所属用户、所属组及系统中非用户和非所属组成员的其他用户设置不同的权限。以用户权限覆盖组权限，从而覆盖其他权限。

openEuler 操作系统可应用 3 种权限：读取、写入和执行。权限对访问文件和目录的影响如表 6-4 所示。

表 6-4　权限对访问文件和目录的影响

| 权　　限 | 对访问文件的影响 | 对访问目录的影响 |
|----------|------------------|------------------|
| r（读取） | 可以读取文件内容 | 可以列出目录的内容（文件名） |
| w（写入） | 可以更改文件内容 | 可以创建或删除目录中的任意一个文件 |
| x（执行） | 可以作为命令执行文件 | 可以访问目录中的内容（取决于目录中文件的权限） |

与 NTFS 权限不同，openEuler 权限仅适用于设置了 openEuler 权限的目录或文件。目录中的子目录和文件不会自动继承目录的权限，但是目录的权限可能会有效阻止对其内容的访问。在每个文件或目录上可以直接设置 openEuler 的所有权限。

# 6.2　Samba 服务

openEuler 操作系统中的 Samba 服务具有在 UNIX/Linux 系列操作系统中与 Windows 操作系统通过网络进行资源共享的功能。Samba 服务器不仅可以作为独立的服务器共享文件和打印机，还可以集成 Windows Server 的域功能作为域控制站（Domain Controller），以及加入 Active Directory 成员。

Samba 服务器提供如下服务。

（1）SMB 服务：使用 SMB 协议提供文件共享和打印服务。SMB 服务还负责资源锁定及验证连接的用户，可以使用 systemd 进程启动和停止 SMB 服务。

（2）nmbd 服务：使用基于 IPv4 的 NetBIOS 协议提供主机名和 IP 解析服务。除解析名称以外，nmbd 服务还可以用于浏览 SMB 网络查找域、工作组、主机和打印机等信息。

# 6.3 Samba 服务常用的配置文件及参数

## 1．/etc/samba/smb.conf 文件（Samba 服务的主配置文件）

### 1）全局配置

全局配置参数及其作用如表 6-5 所示。

表 6-5 全局配置参数及其作用

| 全局配置参数 | 作 用 |
| --- | --- |
| Workgroup=MYGROUP | 设置工作组名称 |
| Server string = Samba Server Version %v | Samba 服务器描述字段，参数 "%v" 为版本号 |
| max connections = 0 | 指定 Samba 服务器的最大连接数，若超过最大连接数，则新的连接请求将被拒绝，0 表示不限制 |
| log file = /var/log/samba/log.%m | 定义日志文件的保存位置和名称，参数 "%m" 表示来访的客户端主机名 |
| max log size = 50 | 日志文件的最大容量为 50KB |
| security = user | SAMBA 作为独立服务器选项，指定 Samba 服务器使用的安全级别，默认为 user，用户访问 Samba 服务器需要提供用户名和密码 |
| security = share | 用户访问 Samba 服务器不需要提供用户名和密码，安全性差 |
| security = server | 使用独立的远程主机来验证来访主机提供的口令，若认证失败，则 Samba 服务器将使用用户级安全模式作为替代方式 |
| security = domain | 域安全级别，使用主域控制器（PDC）完成认证 |
| passdb backend = tdbsam | 设置 Samba 用户密码的保存方式，使用数据库文件建立用户数据库 |
| passwd backend = smbpasswd | 使用 "smbpasswd" 命令为系统用户设置 Samba 服务器的密码 |
| passwd backend = ldapsam | 使用基于 LDAP 的账号管理方式来验证用户 |
| smb passwd file = /etc/samba/smbpasswd | 定义 Samba 用户的密码文件 |
| load print = yes | 设置 Samba 服务启动时是否共享打印机设备 |
| cups options = raw | 打印机选项 |

### 2）共享配置

共享配置参数及其作用如表 6-6 所示。

表 6-6　共享配置参数及其作用

| 共享配置参数 | 作　　用 |
| --- | --- |
| comment = Home Directories | 用户个人主目录设置 |
| browseable = no | 是否允许其他用户浏览主目录，出于安全性考虑，建议设置为禁止 |
| writable = yes | 是否允许写入主目录 |
| create mask = 0700 | 默认创建文件的权限 |
| directory mask = 0700 | 默认创建目录的权限 |
| valid users = %S, %D%w%S | 设置可以访问的用户名单 |
| read only = No | 是否只允许可读权限，默认为否 |
| path = /usr/local/samba | 实际访问资源的物理路径 |
| guest ok = yes | 匿名用户可以访问 |
| public = yes | 是否允许目录共享，若设置为 yes 则表示共享此目录 |
| write list = @user | 拥有读取和写入权限的用户与组（以 @ 开头） |
| printable = yes | 是否允许打印 |

### 2．/etc/samba/lmhosts 文件

/etc/samba/lmhosts 文件内有 NetBIOS name 与主机 IP 地址的对应列表，Samba 服务启动时会自动获取局域网内的相关信息，一般不进行配置。

### 3．/etc/samba/smbpasswd 文件

Samba 服务器发布共享资源后，客户端访问 Samba 服务器，需要提交用户名和密码进行身份验证，验证通过后才可以登录。Samba 服务器为了实现身份验证功能，将用户名和密码信息保存在 /etc/samba/smbpasswd 文件中，在有客户端访问时，比较用户提交的资料与 /etc/samba/smbpasswd 文件中保存的信息，若信息相同且 Samba 服务器其他安全设置允许，则客户端与 Samba 服务器的连接建立成功。默认不存在该文件，需要手动创建和配置。

### 4．/usr/share/doc/samba-<version> 文件

Samba 技术手册，即 /usr/share/doc/samba-<version> 文件是记录 Samba 服务器版本及使用方法的文档。

### 5．日志文件

Samba 服务的日志文件默认保存在 /var/log/samba 文件中，其中 Samba 服务会分别为连接到 Samba 服务器的计算机建立日志文件。使用 "ls -a /var/log/samba" 命令可以查看所有日志文件。

客户端通过网络访问 Samba 服务器后会自动添加客户端的相关日志文件，运维工程师可根据这些文件来查看用户的访问情况和 Samba 服务器的运行情况。另外，当 Samba 服务器工作异常时，也可根据对应的日志展开分析。

# 6.4　NFS 服务

NFS（Network File System，网络文件系统）最早由 Sun 公司提出，是 FreeBSD 支持的文件系统之一，它允许网络中的计算机之间通过 TCP/IP 网络共享资源。本地 NFS 客户端应用可以通过 NFS 透明地读写 NFS 服务器上的文件，就像访问本地文件一样方便。简而言之，NFS 服务就是可以通过网络让不同的主机、不同的操作系统共享资源的服务。

# 6.5　NFS 服务常用的配置文件及参数

/etc/exports 文件是 NFS 服务的主配置文件。在该文件中，每个共享目录单独占一行，语法如下：

```
/ 本地路径 1  可访问主机 1 ( 参数 1 )
/ 本地路径 2  可访问主机 2 ( 参数 1, 参数 2 )   可访问主机 3 ( 参数 1 )
```

全局配置参数及其作用如表 6-7 所示。

表 6-7　全局配置参数及其作用

| 全 局 配 置 | 全局配置参数 | 作　用 |
|---|---|---|
| 访问权限 | ro | 只读访问 |
| | rw | 读写访问 |
| 数据写入硬盘模式 | sync | 所有数据在请求时写入共享 |
| | async | NFS 在写入数据前可以响应请求 |
| 客户端使用的端口 | secure | NFS 通过 1024 以下的安全 TCP/IP 端口发送 |
| | insecure | NFS 通过 1024 以上的端口发送 |
| 写入模式 | wdelay | 若多个用户要写入 NFS 目录，则归组写入（默认） |
| | no_wdelay | 若多个用户要写入 NFS 目录，则立即写入，使用 async 时无须进行此设置 |
| NFS 目录下的子目录是否共享 | hide | 在 NFS 共享目录中不共享其子目录 |
| | no_hide | 共享 NFS 目录下的子目录 |
| 是否检查父目录权限 | subtree_check | 若共享 /usr/bin 类的子目录，则强制 NFS 检查父目录权限（默认） |
| | no_subtree_check | 不检查父目录权限 |

续表

| 全 局 配 置 | 全局配置参数 | 作　　用 |
|---|---|---|
| 是否映射为匿名用户 | all_squash | 共享文件的 UID 和 GID 映射为匿名用户，适用于公共目录 |
| | no_all_squash | 保留共享文件的 UID 和 GID（默认） |
| root 用户权限 | root_squash | root 用户的所有请求映射为如匿名用户一样的权限（默认） |
| | no_root_squash | root 用户具有根目录的完全管理访问权限 |
| 客户端用户映射为指定的本地用户（组） | anonuid=xxx | 指定 NFS 服务器的 /etc/passwd 文件中匿名用户的 UID |
| | anongid=xxx | 指定 NFS 服务器的 /etc/passwd 文件中匿名用户的 GID |

# 任务 6-1　共享文件及权限的配置

## 任务规划

运维工程师已经对服务器进行了初始化操作，为了完成公司内部数据存储与共享服务器的部署，首先要配置需要共享的文件及权限。本任务的步骤如下。

（1）创建用户与组。

（2）创建共享目录。

（3）修改共享目录及权限。

扫一扫

微课：共享文件及权限
的配置

## 任务实施

### 1. 创建用户与组

（1）创建 caiwu 组和 guanli 组，配置命令如下：

```
[root@fileServer01 ~]# groupadd guanli
[root@fileServer01 ~]# groupadd caiwu
```

（2）为各部门员工创建用户账号并为用户账号分配所属的组，配置命令如下：

```
[root@fileServer01 ~]# useradd -M -s /sbin/nologin -g guanli zhanglin
[root@fileServer01 ~]# useradd -M -s /sbin/nologin -g caiwu majun
[root@fileServer01 ~]# useradd -M -s /sbin/nologin -g caiwu chenfeng
```

（3）为各部门员工的用户账号配置密码，配置命令如下：

```
[root@fileServer01 ~]# echo Jan16@111 |passwd --stdin zhanglin
[root@fileServer01 ~]# echo Jan16@221 |passwd --stdin majun
[root@fileServer01 ~]# echo Jan16@222 |passwd --stdin chenfeng
```

### 2. 创建共享目录

（1）创建具体路径为"/share/public"的目录，配置命令如下：

```
[root@fileServer01 ~]# mkdir -p /share/public
```

（2）创建具体路径为 "/share/management" 的目录，配置命令如下：

```
[root@fileServer01 ~]# mkdir -p /share/management
```

（3）创建具体路径为 "/share/financial" 的目录，配置命令如下：

```
[root@fileServer01 ~]# mkdir -p /share/financial
```

### 3. 修改共享目录及权限

（1）配置 "/share/public" 目录的权限为 1777，配置命令如下：

```
[root@fileServer01 ~]# chmod 1777 /share/public/
```

（2）配置 "/share/management" 目录的权限为 775，并将目录所属组设置为 guanli，配置命令如下：

```
[root@fileServer01 ~]# chmod 775 /share/management
[root@fileServer01 ~]# chgrp guanli /share/management
```

（3）配置 "/share/financial" 目录的权限为 750，并将目录所属用户与所属组分别设置为 chenfeng、caiwu，配置命令如下：

```
[root@fileServer01 ~]# chmod 750 /share/financial
[root@fileServer01 ~]# chown chenfeng:caiwu /share/financial
```

### 任务验证

（1）在数据存储与共享服务器中切换目录为 "/share"，并使用 "ls -al" 命令查看各共享目录的文件权限信息，可见文件权限设置成功，查看结果如下：

```
[root@fileServer01 ~]# cd /share/
[root@fileServer01 share]# ls -al
drwxr-xr-x.  5 root     root   4096 3月 23 09:54 .
dr-xr-xr-x. 19 root     root   4096 3月 23 09:54 ..
drwxr-x---.  2 chenfeng caiwu  4096 3月 23 09:54 financial
drwxrwxr-x.  2 root     guanli 4096 3月 23 09:54 management
drwxrwxrwt.  2 root     root   4096 3月 23 09:54 public
```

（2）在数据存储与共享服务器中使用 "cat /etc/passwd" 命令查看系统中的所有用户信息，查看结果如下：

```
[root@fileServer01 ~]# cat /etc/passwd
## 省略显示部分内容 ##
zhanglin:x:1000:1000::/home/zhanglin:/sbin/nologin
majun:x:1001:1001::/home/majun:/sbin/nologin
chenfeng:x:1002:1001::/home/chenfeng:/sbin/nologin
```

（3）在数据存储与共享服务器中使用 "cat /etc/group" 命令查看系统中所有组信息，应能看到创建过的组信息，查看结果如下：

```
[root@fileServer01 ~]# cat /etc/group
## 省略显示部分内容 ##
guanli:x:1000:
caiwu:x:1001:
```

# 任务 6-2　配置 Samba 服务器的用户共享

## 任务规划

在前面的任务中，运维工程师已经创建并设置了共享目录的所属用户、所属组和文件权限等配置信息，为数据存储和共享服务器的部署奠定了基础，接下来运维工程师需要在服务器上部署并配置 Samba 服务。本任务的步骤如下。

（1）部署 Samba 服务。

（2）修改 Samba 服务的主配置文件参数。

（3）启动 Samba 服务。

扫一扫

微课：配置 Samba 服务器
的用户共享

## 任务实施

### 1. 部署 Samba 服务

通过 YUM 工具安装 Samba 服务，配置命令如下：

```
[root@fileServer01 ~]# yum install -y samba
```

### 2. 修改 Samba 服务的主配置文件参数

（1）通过 "vim /etc/samba/smb.conf" 命令编辑 Samba 服务的主配置文件，修改 Samba 服务的全局配置参数并添加共享目录配置，配置命令如下：

```
[root@fileServer01 ~]# vim /etc/samba/smb.conf
[global]
        workgroup = jan16
        netbios name = fileServer01
        security = user
        log file = /var/log/samba/%m.log
        log level = 1
[公共]
        comment = Public Directory
        path = /share/public
        public = yes
        writeable = yes
```

```
[管理]
        comment = Management Directory
        path = /share/management
        public = yes
        write list = @guanli
[财务]
        comment = Financial Directory
        path = /share/financial
        public = no
        valid users = @caiwu
        write list = chenfeng
```

（2）将各部门员工的用户账号添加到 Samba 数据库中并设置密码，配置命令如下：

```
[root@fileServer01 ~]# smbpasswd -a zhanglin
New SMB password:
Retype new SMB password:
Added user zhanglin.
[root@fileServer01 ~]# smbpasswd -a majun
New SMB password:
Retype new SMB password:
Added user majun.
[root@fileServer01 ~]# smbpasswd -a chenfeng
New SMB password:
Retype new SMB password:
Added user chenfeng.
```

（3）启用添加至 Samba 数据库的账号，配置命令如下：

```
[root@fileServer01 ~]# smbpasswd -e zhanglin
Enabled user zhanglin.
[root@fileServer01 ~]# smbpasswd -e majun
Enabled user majun.
[root@fileServer01 ~]# smbpasswd -e chenfeng
Enabled user chenfeng.
```

### 3. 启动 Samba 服务

（1）通过 "testparm" 命令检验 Samba 服务的主配置文件的正确性，配置命令如下：

```
[root@fileServer01 ~]# testparm
Load smb config files from /etc/samba/smb.conf
Loaded services file OK.
Server role: ROLE_STANDALONE

Press enter to see a dump of your service definitions
```

（2）通过 "systemctl" 命令启动 Samba 服务，并设置为开机自动启动，配置命令如下：

```
[root@fileServer01 ~]# systemctl start smb
[root@fileServer01 ~]# systemctl enable smb
```

### 任务验证

（1）在 Samba 服务器中，使用"ip address show ens33"命令查看服务器的 IP 地址信息，查看结果如下：

```
[root@fileServer01 ~]# ip address show ens33
ens33: <BROADCAST,MULTICAST,UP,LOWER_UP> mtu 1500 qdisc fq_codel state UP
group default qlen 1000
    link/ether 00:0c:29:12:06:dd brd ff:ff:ff:ff:ff:ff
    altname enp2s1
    inet 192.168.238.104/24 brd 192.168.238.255 scope global dynamic noprefixroute
ens33
      valid_lft 1606sec preferred_lft 1606sec
    inet6 fe80::27f6:1efa:c427:789d/64 scope link noprefixroute
      valid_lft forever preferred_lft forever
```

（2）在管理部员工计算机 PC1 上使用 YUM 仓库配置 samba-com 服务和 samba.client 服务，代码如下：

```
[root@PC1 ~]#yum install -y samba-com samba.client
```

（3）通过"smbclient"命令测试和访问 Samba 共享目录"公共""管理"，输入用户账号 zhanglin 和对应的用户密码可以成功登录，代码如下：

```
[root@PC1 ~]# smbclient -U zhanglin  //192.168.238.104/公共
Enter SAMBA\zhanglin's password:                // 输入用户账号 zhanglin 的密码
Try "help" to get a list of possible commands.
smb: \>
smb: \> exit
[root@PC1~]# smbclient -U zhanglin //192.168.238.104/管理
Enter WORKGROUP\zhanglin's password:
Try "help" to get a list of possible commands.
smb: \>
smb: \> exit
```

（4）用财务部员工计算机访问 Samba 共享目录，输入用户账号 majun 和对应的用户密码可以成功登录，并且可以看到"公共""管理""财务"3 个共享目录，但由于是普通员工，对"管理"和"财务"的目录都无写入权限，因此在写入文件时被拒绝，代码如下：

```
[root@caiwu ~]# smbclient -U majun //192.168.238.104/管理
Enter SAMBA\majun's password:
session setup failed: NT_STATUS_LOGON_FAILURE
[root@caiwu ~]# smbclient -U majun //192.168.238.104/管理
Enter SAMBA\majun's password:
Try "help" to get a list of possible commands.
smb: \> mkdir test
NT_STATUS_ACCESS_DENIED making remote directory \test
[root@caiwu ~]# smbclient -U majun //192.168.238.104/财务
Enter WORKGROUP\majun's password:
Try "help" to get a list of possible commands.
```

```
smb: \> mkdir text
NT_STATUS_ACCESS_DENIED making remote directory \text
```

（5）使用财务部主管计算机访问 Samba 共享目录，输入用户账号 chenfeng 及对应的用户密码登录，能成功地访问"公共""管理""财务" 3 个共享目录，并且能在"财务"目录中写入成功，代码如下：

```
[root@caiwu~]# smbclient -U chenfeng //192.168.238.104/财务
Enter WORKGROUP\chenfeng's password:
Try "help" to get a list of possible commands.
smb: \> mkdir test
smb: \> ls
  .            D       0   Sat May  7 15:29:44 2022
  ..           D       0   Thu Apr 14 12:19:38 2022
  test         D       0   Sat May  7 15:29:44 2022
71724152 blocks of size 1024. 65660336 blocks available
smb: \>exit
```

# 任务 6-3　配置 NFS 服务器的用户共享

## 任务规划

在前面的任务中，运维工程师已经在服务器上部署并配置了 Samba 服务，与 Windows 用户共享，接下来运维工程师需要在服务器上部署 NFS 服务，与 Linux 用户共享。本任务的步骤如下。

（1）部署 NFS 服务。

（2）修改 NFS 服务的主配置文件参数。

（3）启动 NFS 服务。

## 任务实施

### 1. 部署 NFS 服务

通过 YUM 工具安装 NFS 服务及其依赖包，配置命令如下：

```
[root@fileServer01 ~]# yum install -y nfs-utils rpcbind
```

### 2. 修改 NFS 服务的主配置文件参数

（1）通过"vim /etc/exports"命令编辑 NFS 服务的主配置文件，添加共享目录配置，配置命令如下：

```
[root@fileServer01 ~]# vim /etc/exports
/share/public *(rw,sync,no_subtree_check)
/share/management *(rw,sync,no_subtree_check)
/share/financial *(rw,sync,no_subtree_check)
```

（2）通过"exporfs -r"命令使主配置文件生效，配置命令如下：

```
[root@fileServer01 ~]# exportfs -r
```

### 3. 启动 NFS 服务

通过"systemctl"命令启动 NFS 服务，并设置为开机自动启动，配置命令如下：

```
[root@fileServer01 ~]# systemctl start nfs-server
[root@fileServer01 ~]# systemctl enable nfs-server
```

## 任务验证

（1）在数据存储与共享服务器中，使用"systemctl"命令查看服务器上 NFS 服务的运行状态，代码如下。

```
[root@fileServer01 ~]# systemctl status nfs-server
● nfs-server.service - NFS server and services
    Loaded: loaded (8;;file://fileServer01/usr/lib/systemd/system/nfs-server.
service /usr/lib/systemd/system/nfs-server.service8;; enabled; vendor
preset: disabled)
    Drop-In: /run/systemd/generator/nfs-server.service.d
        └─8;;file://fileServer01/run/systemd/generator/nfs-server.service.d/
order-with-mounts.conf^Gorder-with-mounts.conf8;;^G
    Active: active (exited) since Mon 2023-01-30 22:33:20 CST; 9min ago
    Process: 1580 ExecStartPre=/usr/sbin/exportfs -r (code=exited, status=0/
SUCCESS)
    Process: 1582 ExecStart=/usr/sbin/rpc.nfsd (code=exited, status=0/SUCCESS)
    Main PID: 1582 (code=exited, status=0/SUCCESS)

Jan 30 22:33:20 fileServer01 systemd[1]: Starting NFS server and services...
Jan 30 22:33:20 fileServer01 systemd[1]: Finished NFS server and services.
```

（2）在管理部员工计算机 PC4 上创建具体路径为"/share/management"的目录，以便服务器目录与本地目录映射，代码如下。

```
[root@PC4 ~]# mkdir /share/public
[root@PC4 ~]# mkdir /share/management
[root@PC4 ~]# mkdir /share/financial
```

（3）通过"vim"命令修改挂载文件"/etc/fstab"以达到客户端自动挂载的目的，代码如下。

```
[root@PC4 ~]# vim /etc/fstab
192.168.238.104:/share/public /share/public          nfs    defaults   0  0
192.168.238.104:/share/management /share/management   nfs    defaults   0  0
192.168.238.104:/share/financial /share/financial     nfs    defaults   0  0
```

（4）通过"mount"命令使得客户端挂载文件生效，代码如下。

```
[root@PC4 ~]# mount -a
```

（5）用管理部员工计算机访问 NFS 共享目录，通过用户账号 zhanglin 和对应的用户密码可以成功登录，并且可以看到"/share/public""/share/management" 2 个共享目录，该用户账号对"管理"共享目录有写入权限，对"财务"共享目录无写入权限，因此在写入文件时被拒绝，代码如下：

```
[zhanglin@PC4 /]$ cd /share/public/
[zhanglin@PC4 public]$ cd /share/management
[zhanglin@PC4 management]$ touch test
[zhanglin@PC4 management]$ ls
test
[zhanglin@PC4 management]$ cd /share/financial
bash: cd: /share/financial/: Permission denied
```

## 练 习 与 实 践

### 一、理论习题

选择题

1. openEuler 操作系统的主机中 config 的文件目录权限如下所示，下列说法正确的是（　　）。

```
drwxr-x--- 2 liming config  4096 Oct  9 09:31 config
```

  A. 此目录的所属用户是 config

  B. 如果用户账号 xiaosan 属于 config 组，那么以此用户身份可以在目录中写入文件

  C. 如果用户账号 xiaosi 属于 manage 组，那么以此用户身份可以在目录中写入文件

  D. 用户 liming 可以在文件夹中写入文件

2. 下列（　　）不是 Samba 服务。

  A. smbd      B. nmbd      C. winbindd      D. nmap

3. 下列（　　）是 Samba 用户的特点。

  A. Samba 用户首先是系统用户

  B. 必须为系统用户设置密码

  C. Samba 用户可存储在数据库中

  D. Samba 用户必须能从服务器本地登录

4．Samba 服务器作为独立的服务器可用于（　　）。

A．Linux 与 Windows 进行文件共享

B．Linux 与 Linux 进行文件共享

C．UNIX 与 Windows 进行文件共享

D．共享网络打印机

二、项目实训题

Jan16 公司规划在文件共享服务器上新增一个文档归档的共享目录"/share/archive"，要求如下所示。

（1）共享名为"归档"。

（2）创建三个用户 user01、user02、user03，设置用户都能通过输入"用户名＋密码"的方式登录并上传文件，密码自定义，查看并截图。

（3）设置用户 user01 能够查看和删除所有人的文件；用户 user02 只能查看和删除自己的文件，不能查看和删除别人的文件；用户 user03 只能上传文件，不能查看和删除任何文件，验证并截图。

（4）限制用户 user02 在共享目录中最多创建 3 个文件，验证并截图。

（5）设置其他人不能访问共享目录，验证并截图。

# 项目 7  部署企业的 DHCP 服务

## 学习目标

（1）了解 DHCP 服务的概念。

（2）熟悉 DHCP 服务的工作原理和应用。

（3）掌握 DHCP 中继代理服务的原理与应用。

（4）掌握企业网 DHCP 服务的部署与实施、DHCP 服务器的日程运维与管理。

（5）掌握 DHCP 服务器的常见故障检测与排除的业务实施流程和职业素养。

## 项目描述

　　Jan16 公司初步建立了企业网，并将员工计算机接入企业网。在网络管理中，管理员经常需要为内部计算机配置 IP 地址、网关地址、DNS 服务器地址等 TCP/IP 参数。由于 Jan16 公司计算机数量较多，并且有大量的移动计算机，因此 Jan16 公司希望能尽快部署一台 DHCP 服务器，实现企业网计算机 IP 地址、网关地址、DNS 服务器地址等 TCP/IP 参数的自动配置，提高网络管理与维护的效率。企业网拓扑如图 7-1 所示。

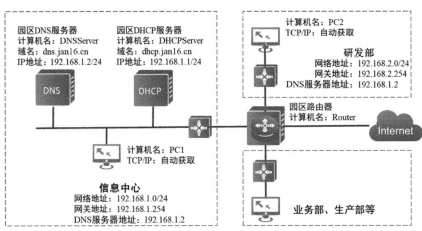

图 7-1　企业网拓扑

DHCP 服务器和 DNS 服务器均部署在信息中心,旨在有序推进 DHCP 服务项目的部署。Jan16 公司希望先在信息中心实现 DHCP 服务器的部署,待其运行稳定后再推行到其他部门,并做好 DHCP 服务器的日常运维与管理工作。

## 项目分析

客户端 IP 地址、网关地址、DNS 服务器都属于 TCP/IP 参数,动态主机配置协议(Dynamic Host Configuration Protocol,DHCP)服务专门用于 TCP/IP 网络中的主机自动分配 TCP/IP 参数。通过在网络中部署 DHCP 服务,不仅可以实现客户端 TCP/IP 参数的自动配置,还能对网络的 IP 地址进行管理。

Jan16 公司在部署 DHCP 服务时,先在一个部门进行小范围部署,部署成功后再推行到整个园区,因此本项目可以分解为下几个工作任务。

(1)部署 DHCP 服务。

(2)配置 DHCP 作用域。

(3)配置 DHCP 中继代理。

(4)DHCP 服务器的日常运维与管理。

## 相关知识

# 7.1　DHCP 服务的概念

假设 Jan16 公司共有 200 台计算机需要配置 TCP/IP 参数,如果手动配置,每台计算机需要耗费 2min,一共就需要耗费 400min,若某些 TCP/IP 参数发生变化,则需要重新进行上述配置。在部署后的一段时间内,如果有一些移动计算机需要接入,那么管理员必须从未被使用的 IP 参数中分出一部分给这些移动计算机。但问题是哪些 IP 参数是未被使用的呢?因此,管理员必须对 IP 参数进行管理,登记已分配 IP 参数、未分配 IP 参数、到期 IP 参数等信息。

手动配置 TCP/IP 参数非常烦琐且效率低下,DHCP 服务专门用于为 TCP/IP 网络中的主机自动分配 TCP/IP 参数。DHCP 客户端在初始化网络配置参数(启动操作系统、新安装网卡、插入网线、启用被禁用的网络连接)时会主动向 DHCP 服务器请求 TCP/IP 参数,DHCP 服务器接收到 DHCP 客户端的请求消息后,将管理员预设的 TCP/IP 参数发送给 DHCP 客户端,确认流程完毕后 DHCP 客户端获得相关 TCP/IP 参数(IP 地址、子网掩码、默认网关地址等)。

### 1. DHCP 服务的应用场景

在实际工作中，通常在下列情况下使用 DHCP 服务来自动分配 TCP/IP 参数。

（1）当网络中的主机较多时，手动配置的工作量很大，因此需要 DHCP 服务。

（2）当网络中的主机多而 IP 地址不足时，采用 DHCP 服务能够在一定程度上缓解 IP 地址不足的问题。

例如，网络中有 300 台计算机，但只有 200 个可用的 IP 地址，若采用手动分配方式，则只有 200 台计算机可接入网络，其余 100 台计算机将无法接入。在实际工作中，通常 300 台计算机同时需要接入网络的可能性不大，因为公司实行三班倒机制，不上班的员工的计算机并不需要接入网络。在这种情况下，使用 DHCP 服务恰好可以调节 IP 地址的使用。

（3）一些计算机经常在不同的网络中移动，通过 DHCP 服务可以在任意网络中自动获得 IP 地址而无须进行任何额外的配置，从而可以满足移动用户的需求。

### 2. 部署 DHCP 服务的优势

（1）对于园区网管理员，部署 DHCP 服务可为内部网络的众多客户端自动分配 TCP/IP 参数，以提高工作效率。

（2）对于互联网服务供应商（Internet Service Provider，ISP），部署 DHCP 服务可为客户机自动分配 TCP/IP 参数。通过 DHCP 服务可以简化管理工作，达到中央管理、统一管理的目的。

（3）部署 DHCP 服务可以在一定程度上缓解 IP 地址不足的问题。

（4）部署 DHCP 服务便于实现经常需要在不同网络间移动的主机联网。

# 7.2 DHCP 客户端首次接入网络的工作过程

DHCP 服务自动分配 TCP/IP 参数是通过租用机制来完成的，DHCP 客户端在首次接入网络时，需要与 DHCP 服务器交互才能获取 IP 地址租约。IP 地址租用分为发现、提供、选择和确认 4 个阶段，DHCP 客户端获取 IP 地址的 4 个阶段如图 7-2 所示。

图 7-2　DHCP 客户端获取 IP 地址的 4 个阶段

以上 4 个阶段对应的 DHCP 消息名称及其作用如表 7-1 所示。

表 7-1　以上 4 个阶段对应的 DHCP 消息名称及其作用

| 消息名称 | 作用 |
| --- | --- |
| DHCP Discover（发现阶段） | DHCP 客户端寻找 DHCP 服务器，请求分配 IP 地址等网络配置参数 |
| DHCP Offer（提供阶段） | DHCP 服务器响应 DHCP 客户端请求，提供可被租用的网络配置参数 |
| DHCP Request（选择阶段） | DHCP 客户端租用选择网络中某一台 DHCP 服务器分配的网络配置参数 |
| DHCP Ack（确认阶段） | DHCP 服务器确认 DHCP 客户端的租用选择 |

## 1. 发现阶段

DHCP 客户端在第一次接入网络并初始化网络配置参数（启动操作系统、新安装网卡、插入网线、启用被禁用的网络连接）时，由于没有 IP 地址，因此将发送 IP 地址租用请求。DHCP 客户端因为不知道 DHCP 服务器的 IP 地址，所以会以广播的方式发送"DHCP Discover"消息。"DHCP Discover"消息中包含的关键信息及其解析如表 7-2 所示。

表 7-2　"DHCP Discover"消息中包含的关键信息及其解析

| 关键信息 | 解析 |
| --- | --- |
| 源 MAC 地址 | DHCP 客户端网卡的 MAC 地址 |
| 目的 MAC 地址 | FF:FF:FF:FF:FF:FF( 广播地址 ) |
| 源 IP 地址 | 0.0.0.0 |
| 目的 IP 地址 | 255.255.255.255（广播地址） |
| 源端口号 | 68（UDP） |
| 目的端口号 | 67（UDP） |
| DHCP 客户端硬件地址标识 | DHCP 客户端网卡的 MAC 地址 |
| DHCP 客户端 ID | DHCP 客户端生成的一个随机数 |
| DHCP 包类型 | DHCP Discover |

## 2. 提供阶段

DHCP 服务器在接收到 DHCP 客户端发来的"DHCP Discover"消息后，会向 DHCP 客户端发送一个"DHCP Offer"消息来做出响应，并为 DHCP 客户端提供 IP 地址等网络配置参数。"DHCP Offer"消息中包含的关键信息及其解析如表 7-3 所示。

表 7-3　"DHCP Offer"消息中包含的关键信息及其解析

| 关键信息 | 解析 |
| --- | --- |
| 源 MAC 地址 | DHCP 服务器网卡的 MAC 地址 |
| 目的 MAC 地址 | FF:FF:FF:FF:FF:FF（广播地址） |
| 源 IP 地址 | 192.168.1.250 |
| 目的 IP 地址 | 255.255.255.255（广播地址） |
| 源端口号 | 67（UDP） |
| 目的端口号 | 68（UDP） |

续表

| 关 键 信 息 | 解 析 |
|---|---|
| 提供给 DHCP 客户端的 IP 地址 | 192.168.1.10 |
| 提供给 DHCP 客户端的子网掩码 | 255.255.255.0 |
| 提供给 DHCP 客户端的网关地址、DNS 地址等其他网络配置参数 | 网关地址：192.168.1.254<br>DNS 服务器地址：192.168.1.253 |
| 提供给 DHCP 客户端 IP 地址等网络配置参数的租约时间 | 按实际，如 6h |
| DHCP 客户端硬件地址标识 | DHCP 客户端网卡的 MAC 地址 |
| DHCP 服务器 ID | 192.168.1.250（DHCP 服务器的 IP 地址） |
| DHCP 包类型 | DHCP Offer |

### 3. 选择阶段

DHCP 客户端在接收到 DHCP 服务器发送的"DHCP Offer"消息后，并不会直接在 TCP/IP 参数中配置该租约，它还必须向 DHCP 服务器发送一个"DHCP Request"消息用以选择租约。"DHCP Request"消息中包含的关键信息及其解析如表 7-4 所示。

表 7-4 "DHCP Request"消息中包含的关键信息及解析

| 关 键 信 息 | 解 析 |
|---|---|
| 源 MAC 地址 | DHCP 客户端网卡的 MAC 地址 |
| 目的 MAC 地址 | FF:FF:FF:FF:FF:FF（广播地址） |
| 源 IP 地址 | 0.0.0.0 |
| 目的 IP 地址 | 255.255.255.255 （广播地址） |
| 源端口号 | 68（UDP） |
| 目的端口号 | 67（UDP） |
| DHCP 客户端硬件地址标识 | DHCP 客户端网卡的 MAC 地址 |
| DHCP 客户端请求的 IP 地址 | 192.168.1.10 |
| DHCP 服务器 ID | 192.168.1.250 |
| DHCP 包类型 | DHCP Request |

### 4. 确认阶段

DHCP 服务器接收到 DHCP 客户端发送的"DHCP Request"消息后，将向 DHCP 客户端发送"DHCP Ack"消息来完成 IP 地址租约的签订，DHCP 客户端在接收到"DHCP Ack"消息后，就可以使用 DHCP 服务器提供的 IP 地址等网络参数完成 TCP/IP 参数的配置。"DHCP Ack"消息中包含的关键信息及其解析如表 7-5 所示。

表 7-5 "DHCP Ack"消息中包含的关键信息及其解析

| 关 键 信 息 | 解 析 |
|---|---|
| 源 MAC 地址 | DHCP 服务器网卡的 MAC 地址 |
| 目的 MAC 地址 | FF:FF:FF:FF:FF:FF（广播地址） |

续表

| 关　键　信　息 | 解　析 |
|---|---|
| 源 IP 地址 | 192.168.1.250 |
| 目的 IP 地址 | 255.255.255.255（广播地址） |
| 源端口号 | 67（UDP） |
| 目的端口号 | 68（UDP） |
| 提供给 DHCP 客户端的 IP 地址 | 192.168.1.10 |
| 提供给 DHCP 客户端的子网掩码 | 255.255.255.0 |
| 提供给客户端的网关地址、DNS 地址等其他网络参数 | 网关地址：192.168.1.254<br>DNS 服务器地址：192.168.1.253 |
| 提供给 DHCP 客户端 IP 地址等网络参数的租约时间 | 按实际 |
| 客户端硬件地址标识 | DHCP 客户端网卡的 MAC 地址 |
| DHCP 服务器 ID | 192.168.1.250 |
| DHCP 包类型 | DHCP Ack |

　　DHCP 客户端接收到服务器发出的"DHCP Ack"消息后，会将该消息中提供的 IP 地址和其他 TCP/IP 参数与自己的网卡绑定。至此，DHCP 客户端获得 IP 地址租约并接入网络。

# 7.3　DHCP 客户端 IP 地址租约的更新

## 1. DHCP 客户端持续在线时更新 IP 地址租约

　　DHCP 客户端获得 IP 地址租约后，必须定期更新租约，否则当租约到期后，便不能再使用此 IP 地址。每当租用时间到达租约的 50% 和 87.5% 时，DHCP 客户端就必须发出"DHCP Request"消息，向 DHCP 服务器请求更新租约。

　　（1）在租用时间到达租约的 50% 时，DHCP 客户端将以单播方式直接向 DHCP 服务器发送"DHCP Request"消息，若 DHCP 客户端接收到该服务器回应的"DHCP Ack"消息（单播方式），则 DHCP 客户端根据"DHCP Ack"消息中提供的新租约更新 TCP/IP 参数，IP 地址租约更新完成。

　　（2）若在租用时间到达租约的 50% 时未能成功更新 IP 地址租约，则 DHCP 客户端将在租用时间到达租约的 87.5% 时以广播方式发送"DHCP Request"消息，接收到"DHCP Ack"消息就更新租约，DHCP 客户端若仍未收到 DHCP 服务器回应，则可以继续使用现有的 IP 地址。

　　（3）若租约到期仍未完成续约，则 DHCP 客户端以广播方式发送"DHCP Discover"消息，重新开始 4 个阶段的 IP 地址租用过程。

### 2. DHCP 客户端重新启动时更新 IP 地址租约

重启 DHCP 客户端后，若租约已经到期，则重新开始 4 个阶段的 IP 地址租用过程。若租约未到期，则以广播方式发送"DHCP Request"消息，DHCP 服务器查看该客户端 IP 地址是否已经租用给其他客户端，如果未租用给其他客户端，那么发送"DHCP Ack"消息使该客户端完成续约；如果已经租用给其他客户端，那么该客户端必须重新开始 4 个阶段的 IP 地址租用过程。

## 7.4 DHCP 客户端租用失败的自动配置

DHCP 客户端在发出 IP 地址租用请求的"DHCP Discover"消息后，将花费 1s 的时间等待 DHCP 服务器的回应，如果等待 1s 后没有收到 DHCP 服务器的回应，那么它会将这个消息重新广播 4 次（以 2s、4s、8s 和 16s 为间隔，加上 1～1000ms 随机长度的时间）。4 次广播之后，如果仍然没有收到 DHCP 服务器的回应，那么它将从 169.254.0.0/16 网段内随机选择一个 IP 地址作为自己的 TCP/IP 参数。

> 注意：（1）以 169.254 开头的 IP 地址（自动私有 IP 地址）是 DHCP 客户端申请 IP 地址失败后自己随机生成的 IP 地址。使用自动私有 IP 地址的好处在于，当 DHCP 服务不可用时，DHCP 客户端之间仍然可以利用该 IP 地址通过 TCP/IP 协议实现通信。以 169.254 开头的网段是私有 IP 地址网段，以它开头的 IP 地址数据包不能、也不可能在互联网上出现。
> （2）DHCP 客户端如何确定配置某个未被占用的、以 169.254 开头的 IP 地址呢？它利用免费 ARP 来确定自己所挑选的 IP 地址是否已经被网络上的其他设备使用：DHCP 客户端如果发现该 IP 地址已经被使用，那么会再随机生成另一个以 169.254 开头的 IP 地址重新进行测试，直至成功获取网络配置参数。

## 7.5 DHCP 中继代理

由于大型园区网中会存在多个物理网络，因此对应存在多个逻辑网段（子网），那么园区内的计算机是如何实现 IP 地址租用的呢？

由 DHCP 的工作原理可知，DHCP 客户端实际上是通过发送广播消息与 DHCP 服务器通信的，DHCP 客户端获取 IP 地址的 4 个阶段都依赖于广播消息的双向传播。而广播消息是不能跨越子网的，难道 DHCP 服务器只能为网卡直连的广播网络服务吗？如果

DHCP 客户端和 DHCP 服务器在不同的子网内，那么客户端还能不能向 DHCP 服务器申请 IP 地址呢？

　　DHCP 客户端基于局域网广播方式寻找 DHCP 服务器，以便租用 IP 地址，路由器具有隔离局域网广播功能，因此在默认情况下，DHCP 服务器只能在自己所在网段内提供 IP 地址租用服务。如果想让一个多局域网的网络通过 DHCP 服务器实现 IP 地址的自动分配，那么可以采用如下两种方法。

　　方法 1：在每个局域网内都部署 DHCP 服务器。

　　方法 2：路由器可以和 DHCP 服务器通信，如果路由器可以代为转发 DHCP 客户端的 DHCP 请求消息，那么网络中只需要部署一台 DHCP 服务器就可以为多个局域网提供 IP 地址租用服务。

　　企业在使用方法 1 时，需要额外部署多台 DHCP 服务器；企业在使用方法 2 时，可以利用现有的基础架构实现相同的功能。显然方法 2 更可取。

　　DHCP 中继代理实际上是一种软件技术，配置了 DHCP 中继代理的计算机称为 DHCP 中继代理服务器，它承担不同局域网间 DHCP 客户端和 DHCP 服务器的通信任务，负责转发不同局域网间 DHCP 客户端和 DHCP 服务器之间的 DHCP/BOOTP 消息。简而言之，DHCP 中继代理服务器就是 DHCP 客户端与 DHCP 服务器通信的中介：DHCP 中继代理服务器接收到 DHCP 客户端的请求消息后，将请求消息以单播的方式转发给 DHCP 服务器，同时它也接收 DHCP 服务器的单播回应消息，并以广播的方式转发给 DHCP 客户端。

　　DHCP 中继代理使得 DHCP 服务器与 DHCP 客户端的通信可以突破直连网段的限制，达到跨子网通信的目的。除配置了 DHCP 中继代理的计算机以外，大部分路由器都支持 DHCP 中继代理功能，可以代为转发 DHCP 请求消息（方法 2），因此通过 DHCP 中继代理可以在公司内仅部署一台 DHCP 服务器为多个局域网提供 IP 地址租用服务。

# 7.6　DHCP 服务常用的配置文件及参数

DHCP 服务器的软件包中主要包括以下配置文件。

## 1. /etc/dhcp/dhcpd.conf 文件（DHCP 服务器的主配置文件）

DHCP 服务器的主配置文件的特点如下。

"#" 为注释符号，可以注释临时不需要的配置内容，取消它们的作用。

除括号所在行之外，其他每一行的后面都要以 ";" 结尾。

主配置文件的语法如下：

```
选项 / 参数      # 这些选项 / 参数全局有效
声明 {
        选项 / 参数      # 这些选项 / 参数局部有效
    }
```

常用的声明及功能如下。

（1）定义超级作用域，设置同一个物理网络可以使用不同逻辑网段的 IP 地址，必须包含多个 subnet 声明。

具体格式如下：

```
shared-network 名称 {
选项 / 参数
subnet 网络号 netmask 子网掩码 {
    选项 / 参数
}
Subnet ……
}
```

（2）定义作用域（或 IP 子网），可以有多个 subnet 声明，代表多个作用域，此声明的特例就是 subnet 声明的括号内不包含任何可以分配的网络配置信息，仅建立一个作用域框架，如 subnet 192.168.77.0 netmask 255.255.255.0 { }。

具体格式如下：

```
subnet 网络号 netmask 子网掩码 {
    选项 / 参数
}
```

（3）定义保留地址，通常置于 subnet 声明的括号内。host 后面的主机名为自定义的名称（host 选项一般用于为客户端绑定固定 IP 地址）。

具体格式如下：

```
host 主机名 {
    选项 / 参数
}
```

DHCP 服务器的常用参数及其功能如表 7-6 所示（以下的 {} 只是语法格式，在实际配置时无须写出来）。

表 7-6　DHCP 服务器的常用参数及其功能

| 常用参数 | 功　能 |
| --- | --- |
| ddns-update-style {none\|interim\|ad-hoc} | 定义所支持的 DNS 动态更新类型，必选且必须放在第一行，只能在全局配置中使用，默认即可。none 表示不支持动态更新；interim 表示支持 DNS 动态更新；ad-hoc 模式已弃用 |
| {allow\|ignore} client-updates | 允许（allow）或忽略（ignore）DHCP 客户端更新 DNS 记录，只能在全局配置中使用 |
| default-lease-time{ 秒数 } | 指定 DHCP 客户端的默认租约时间，在全局配置、局部配置中均可使用 |

－ 102 －

续表

| 常 用 参 数 | 功　　能 |
|---|---|
| max-lease-time { 秒数 } | 指定 DHCP 客户端的最大租约时间，在全局配置、局部配置中均可使用 |
| range { 起始 IP 地址 } { 终止 IP 地址 } | 定义作用域（IP 子网）范围，用在 subnet 声明的括号里。一个 subnet 声明中可以有多个 range 参数，但多个 range 参数所定义的 IP 子网范围不能重复 |
| hardware { 硬件类型 } {MAC 地址 } | 指定网卡的网络类型（以太网是 ethernet）和 MAC 地址，用在 subnet 声明的括号里 |
| fixed-address {IP 地址 } | 分配给 DHCP 客户端一个固定的 IP 地址（也就是保留地址），用在 host 声明的括号里。fixed-address 参数和 hardware 参数需要成对使用 |
| server-name 主机名 | 通知 DHCP 客户端和 DHCP 服务器的主机名，在全局配置、局部配置中均可使用 |

DHCP 服务器的常用选项及其功能如表 7-7 所示（其中 {} 只是语法格式，在实际配置时无须写出来）。

表 7-7　DHCP 服务器的常用选项及其功能

| 常 见 选 项 | 功　　能 |
|---|---|
| option subnet-mask { 子网掩码 } | 为 DHCP 客户端指定子网掩码，可以省略 |
| option routers { 网关地址 } | 为 DHCP 客户端指定默认网关地址，常用 |
| option domain-name-servers {DNS 服务器地址 } | 为 DHCP 客户端指定 DNS 服务器地址，常用 |
| option domain-name { "域名" } | 为 DHCP 客户端指定 DNS 域名，可以省略 |
| option host-name { "主机名" } | 为 DHCP 客户端指定主机名，可以省略 |
| option ntp-server {IP 地址 } | 为 DHCP 客户端指定网络时间服务器的 IP 地址，可以省略 |
| option broadcast-address { 广播地址 } | 为 DHCP 客户端指定广播地址，可以省略 |

2．/var/lib/dhcpd/dhcpd.leases 文件（DHCP 租约数据库文件）

DHCP 租约数据库文件用于保存一系列的租约声明，其中包含 DHCP 客户端的主机名、MAC 地址，已分配的 IP 地址，以及 IP 地址的有效期等信息。该文件是可编辑的 ASCII 格式文件，每当租约变化时，都会在文件结尾添加新的租约记录。

3．/etc/systemd/system/multi-user.target.wants/dhcpd.service 文件（DCHP 服务的启动脚本文件）

"systemctl" 命令通过 DHCP 服务的启动脚本管理 DHCP 服务。

4．/usr/share/doc/dhcp-server/dhcpd.conf.example 文件（DHCP 服务的模板文件）

可以参照 DHCP 服务的模板文件来建立实际需要的配置内容，openEuler 操作系统无此文件。

### 5. /etc/syconfig/dhcpd 文件（DHCP 服务的配置文件）

DHCP 服务器需要在特定的网卡上提供服务，需要编辑 DHCP 服务的配置文件内的参数，如 DHCPDARGS=“eth0 eth1”。多个网卡代号之间用空格隔开，并用引号引起来。若 DHCP 服务器为本机所有网卡接口提供服务，则 DHCPDARGS 选项值将留空，即 [DHCPDARGS=]。

> 注意：openEuler 21.09 版本移除了 DHCP 服务的配置文件。

 项目实施

# 任务 7-1  部署 DHCP 服务

## 任务规划

扫一扫

微课：部署 DHCP 服务，实现信息中心客户机接入到局域网

Jan16 公司信息中心拥有 20 台计算机，网络管理员希望通过配置 DHCP 服务器为客户端自动配置 IP 地址，实现计算机间的相互通信，信息中心网络地址为 192.168.1.0/24，可分配给客户端的 IP 地址范围为 192.168.1.10 ~ 192.168.1.200。信息中心拓扑（局域网）如图 7-3 所示。

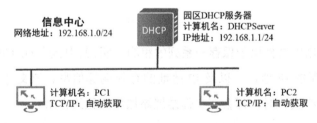

**图 7-3  信息中心拓扑（局域网）**

本任务将在一台安装了 openEuler 操作系统的服务器上配置 DHCP 服务，让该服务器成为 DHCP 服务器，并通过配置 DHCP 服务器和 DHCP 客户端实现信息中心 DHCP 服务的部署。本任务的步骤如下。

（1）为 DHCP 服务器配置静态 IP 地址。

（2）在 DHCP 服务器上配置 DHCP 服务。

（3）为信息中心创建并启用 DHCP 作用域。

### 任务实施

#### 1. 为 DHCP 服务器配置静态 IP 地址

DHCP 服务作为网络基础服务之一，要求使用固定的 IP 地址，因此需要按网络拓扑为 DHCP 服务器配置静态 IP 地址。

使用"nmcli"命令配置网卡 ens37 的 IP 地址，配置命令如下：

```
[root@DHCPserver ~]# nmcli connection modify ens37 ipv4.addresses
192.168.1.1/24 ipv4.method manual
[root@DHCPserver ~]# nmcli connection up ens37
[root@DHCPserver ~]# ip address show ens37
3: ens37: <BROADCAST,MULTICAST,UP,LOWER_UP> mtu 1500 qdisc fq_codel state UP
group default qlen 1000
    link/ether 00:0c:29:ca:bd:fe brd ff:ff:ff:ff:ff:ff
    altname enp2s5
    inet 192.168.1.1/24 brd 192.168.1.255 scope global noprefixroute ens37
        valid_lft forever preferred_lft forever
    inet6 fe80::540a:d925:f09b:3a37/64 scope link noprefixroute
        valid_lft forever preferred_lft forever
```

#### 2. 在 DHCP 服务器上配置 DHCP 服务

使用"yum"命令配置 DHCP 服务，配置命令如下：

```
[root@DHCPserver ~]# yum -y install dhcp
```

#### 3. 为信息中心创建并启用 DHCP 作用域

1）DHCP 作用域的基本概念

DHCP 作用域是本地子网中可使用的 IP 地址集合，如 192.168.1.2/24 ～ 192.168.1.253/24。DHCP 服务器只能将 DHCP 作用域中定义的 IP 地址分配给 DHCP 客户端，因此只有创建 DHCP 作用域才能让 DHCP 服务器给 DHCP 客户端分配 IP 地址，即只有创建并启用 DHCP 作用域才能启用 DHCP 服务。

在局域网中，DHCP 作用域就是自己所在子网的 IP 地址集合，如本任务所要求的 IP 地址范围为 192.168.1.10 ～ 192.168.1.200。本网段的 DHCP 客户端将通过自动获取 IP 地址的方式来租用该作用域中的一个 IP 地址并配置在本地连接上，从而使 DHCP 客户端拥有一个合法的 IP 地址并与内、外网相互通信。

DHCP 作用域的相关属性如下。

（1）DHCP 作用域名称：在创建 DHCP 作用域时指定的 DHCP 作用域标识，在本项目中，DHCP 作用域名称可以为"部门 + 网络地址"。

（2）IP 地址范围：在 DHCP 作用域中，可用于给客户端分配的 IP 地址范围。

（3）子网掩码：指定 IP 地址的网络号。

（4）租约时间：DHCP 客户端租用 IP 地址的时长。

（5）作用域选项：除 IP 地址范围、子网掩码及租用时间以外的网络配置参数，如默认网关地址、DNS 服务器地址等。

（6）保留：为一些主机分配固定的 IP 地址，这些 IP 地址将固定分配给这些主机，使得这些主机租用的 IP 地址始终不变。

2）配置 DHCP 作用域

在本任务中，信息中心可分配的 IP 地址范围为"192.168.1.10 ～ 192.168.1.200"，配置 DHCP 作用域的步骤如下。

（1）由于已安装的 DHCP 服务器内的配置文件是空白的，因此无法启用 DHCP 服务，查看默认配置文件"/etc/dhcp/dhcpd.conf"，配置命令如下：

```
[root@DHCPserver ~]# cat /etc/dhcp/dhcpd.conf
#
# DHCP Server Configuration file.
#   see /usr/share/doc/dhcp-server/dhcpd.conf.example
#   see dhcpd.conf(5) man page
```

（2）修改 DHCP 服务的默认配置文件，分配的 IP 地址为 192.168.1.0，可分配的 IP 地址范围为 192.168.1.10 ～ 192.168.1.200，默认的租约时间为 24h，最大的租约时间为 48h。写入完成后，保存配置，配置命令如下：

```
[root@DHCPserver ~]# vim /etc/dhcp/dhcpd.conf
#
# DHCP Server Configuration file.
#   see /usr/share/doc/dhcp-server/dhcpd.conf.example
#   see dhcpd.conf(5) man page
#
subnet 192.168.1.0 netmask 255.255.255.0{
    range 192.168.1.10 192.168.1.200;
    default-lease-time 86400;
    max-lease-time 172800;
}
```

3）使用"dhcpd"命令检查语法

使用"dhcpd"命令检查配置文件的语法是否正确，确认无误后先重启 DHCP 服务，再查看服务的状态，配置命令如下：

```
[root@DHCPserver ~]# dhcpd -t -cf /etc/dhcp/dhcpd.conf
Internet Systems Consortium DHCP Server 4.4.2
Copyright 2004-2020 Internet Systems Consortium.
All rights reserved.
For info, please visit https://www.isc.org/software/dhcp/
ldap_gssapi_principal is not set,GSSAPI Authentication for LDAP will not be
```

```
used
Not searching LDAP since ldap-server, ldap-port and ldap-base-dn were not
specified in the config file
Config file: /etc/dhcp/dhcpd.conf
Database file: /var/lib/dhcpd/dhcpd.leases
PID file: /var/run/dhcpd.pid
Source compiled to use binary-leases
[root@DHCPserver ~]# systemctl restart dhcpd
[root@DHCPserver ~]# systemctl status dhcpd
● dhcpd.service - DHCPv4 Server Daemon
    Loaded: loaded (8;;file://Jan16-cn/usr/lib/systemd/system/dhcpd.service/
usr/lib/systemd/system/dhcpd>
    Active: active (running) since Thu 2021-12-23 10:54:58 CST; 10min ago
      Docs: 8;;man:dhcpd(8)^Gman:dhcpd(8)8;;
            8;;man:dhcpd.conf(5)^Gman:dhcpd.conf(5)8;;
  Main PID: 25128 (dhcpd)
    Status: "Dispatching packets..."
     Tasks: 1 (limit: 8989)
    Memory: 4.5M
    CGroup: /system.slice/dhcpd.service
            └─25128 /usr/sbin/dhcpd -f -cf /etc/dhcp/dhcpd.conf -user
dhcpd -group dhcpd --no-pid

12 月 23 10:54:58 jan16.cn dhcpd[25128]:
12 月 23 10:54:58 jan16.cn dhcpd[25128]: No subnet declaration for ens33
(192.168.238.129).
12 月 23 10:54:58 jan16.cn dhcpd[25128]: ** Ignoring requests on ens33.   If
this is not what
12 月 23 10:54:58 jan16.cn dhcpd[25128]:    you want, please write a subnet
declaration
12 月 23 10:54:58 jan16.cn dhcpd[25128]:    in your dhcpd.conf file for the
network segment
12 月 23 10:54:58 jan16.cn dhcpd[25128]:    to which interface ens33 is
attached. **
12 月 23 10:54:58 jan16.cn dhcpd[25128]:
12 月 23 10:54:58 jan16.cn dhcpd[25128]: Sending on    Socket/fallback/
fallback-net
12 月 23 10:54:58 jan16.cn dhcpd[25128]: Server starting service.
12 月 23 10:54:58 jan16.cn systemd[1]: Started DHCPv4 Server Daemon.
```

## 任务验证

配置 DHCP 客户端并验证 IP 地址租用是否成功涉及以下步骤。

（1）将信息中心客户端接入 DHCP 服务器所在的网络，使用"nmcli"命令将网卡 ens37 的 IP 地址获取方式修改为"自动"，配置命令如下：

```
[root@Jan16-PC1 ~]# nmcli connection modify ens37 ipv4.method auto
```

（2）在修改网卡的配置文件后，使用"nmcli"命令重启网络，使配置马上生效，配置命令如下：

```
[root@Jan16-PC1 ~]# nmcli connection reload
[root@Jan16-PC1 ~]# nmcli connection down ens37
[root@Jan16-PC1 ~]# nmcli connection up ens37
```

（3）通过客户端命令验证。在客户端打开终端，执行"ip address show ens37"命令，可以看到客户端自动配置的 IP 地址、子网掩码等信息，配置命令如下：

```
[root@Jan16-PC1 ~]# ip address show ens37
3: ens37: <BROADCAST,MULTICAST,UP,LOWER_UP> mtu 1500 qdisc fq_codel state UP
group default qlen 1000
    link/ether 00:0c:29:70:99:b4 brd ff:ff:ff:ff:ff:ff
    altname enp2s5
    inet 192.168.1.10/24 brd 192.168.1.255 scope global dynamic noprefixroute
ens37
       valid_lft 86241sec preferred_lft 86241sec
    inet6 fe80::d978:64df:1170:ad51/64 scope link noprefixroute
       valid_lft forever preferred_lft forever
```

（4）通过 DHCP 服务器验证。查看 DHCP 服务的状态，可以查看客户端向服务器请求的 IP 地址和客户端的 IP 地址租约，配置命令如下：

```
[root@DHCPserver ~]# systemctl status dhcpd
● dhcpd.service - DHCPv4 Server Daemon
     Loaded: loaded (8;;file://Jan16-cn/usr/lib/systemd/system/dhcpd.service^G/
usr/lib/systemd/system/dhcpd>
     Active: active (running) since Thu 2022-3-23 10:54:58 CST; 17min ago
       Docs: 8;;man:dhcpd(8)^Gman:dhcpd(8)8;;^G
             8;;man:dhcpd.conf(5)^Gman:dhcpd.conf(5)8;;^G
   Main PID: 25128 (dhcpd)
     Status: "Dispatching packets..."
      Tasks: 1 (limit: 8989)
     Memory: 4.5M
     CGroup: /system.slice/dhcpd.service
             └─25128 /usr/sbin/dhcpd -f -cf /etc/dhcp/dhcpd.conf -user
dhcpd -group dhcpd --no-pid

3 月 23 10:54:58 Jan16-cn dhcpd[25128]:     in your dhcpd.conf file for the
network segment
3 月 23 10:54:58 Jan16-cn dhcpd[25128]:     to which interface ens37 is
attached. **
3 月 23 10:54:58 Jan16-cn dhcpd[25128]:
3 月 23 10:54:58 Jan16-cn dhcpd[25128]: Sending on    Socket/fallback/
fallback-net
3 月 23 10:54:58 Jan16-cn dhcpd[25128]: Server starting service.
3 月 23 10:54:58 Jan16-cn systemd[1]: Started DHCPv4 Server Daemon.
3 月 23 11:09:26 Jan16-cn dhcpd[25128]: DHCPDISCOVER from 00:0c:29:70:99:b4
via ens37
3 月 23 11:09:27 Jan16-cn dhcpd[25128]: DHCPOFFER on 192.168.1.10 to
00:0c:29:70:99:b4 (EulerOS) via ens37
3 月 23 11:09:27 Jan16-cn dhcpd[25128]: DHCPREQUEST for 192.168.1.10
(192.168.1.1) from 00:0c:29:70:99:b4 (>
```

```
3 月 23 11:09:27 Jan16-cn dhcpd[25128]: DHCPACK on 192.168.1.10 to
00:0c:29:70:99:b4 (EulerOS) via ens37
```

（5）客户端 PC2 自动获取 IP 地址和其他内容，配置命令如下：

```
[root@Jan16-PC2 ~]# ip address show ens37
3: ens37: <BROADCAST,MULTICAST,UP,LOWER_UP> mtu 1500 qdisc fq_codel state UP
group default qlen 1000
    link/ether 00:0c:29:5a:15:b4 brd ff:ff:ff:ff:ff:ff
    altname enp2s5
    inet 192.168.1.11/24 brd 192.168.1.255 scope global dynamic noprefixroute
ens37
        valid_lft 86352sec preferred_lft 86352sec
    inet6 fe80::d978:64df:1170:ad51/64 scope link noprefixroute
        valid_lft forever preferred_lft forever
```

# 任务 7-2 配置 DHCP 作用域

## 🎯 任务规划

扫一扫

微课：配置 DHCP 作用域，
实现信息中心客户机访问
外部网络

任务 7-1 实现了客户端 IP 地址的自动配置，解决了客户端和服务器的相互通信，但是客户端不能访问外网。经检测，导致客户端无法访问外网的原因是未配置网关地址和 DNS 服务器地址，因此 Jan16 公司希望 DHCP 服务器能为客户端自动配置网关地址和 DNS 服务器地址，实现客户端与外网的通信。信息中心网络拓扑如图 7-4 所示。

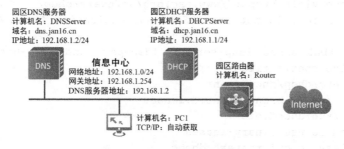

园区DNS服务器
计算机名：DNSServer
域名：dns.jan16.cn
IP地址：192.168.1.2/24

园区DHCP服务器
计算机名：DHCPServer
域名：dhcp.jan16.cn
IP地址：192.168.1.1/24

信息中心
网络地址：192.168.1.0/24
网关地址：192.168.1.254
DNS服务器地址：192.168.1.2

园区路由器
计算机名：Router

Internet

计算机名：PC1
TCP/IP：自动获取

**图 7-4 信息中心网络拓扑**

DHCP 服务器不仅可以为客户端配置 IP 地址、子网掩码，还可以为客户端配置网关地址、DNS 服务器地址等。网关是客户端访问外网的必要条件，DNS 服务器是客户端解析网络域名的必要条件，因此只有配置了网关地址和 DNS 服务器地址才能解决客户端与外网通信的问题。提及网关地址和 DNS 服务器地址的自动配置，有必要先了解作用域选项和服务器选项。

作用域选项和服务器选项为 DHCP 客户端配置网关地址、DNS 服务器地址。在 DHCP 作用域的配置中，只有配置了作用域选项或服务器选项，客户端才能自动配置网关地址和 DNS 服务器地址。

**任务实施**

（1）使用"vim"命令配置 DHCP 服务的配置文件，为客户端指定分配的 IP 地址"option routers ｛网关 IP 地址｝"，以及 DNS 服务器地址"option domain-name-servers ｛DNS 服务器 IP 地址｝"，配置命令如下：

```
[root@DHCPserver ~]# vim /etc/dhcp/dhcpd.conf
#
# DHCP Server Configuration file.
#   see /usr/share/doc/dhcp-server/dhcpd.conf.example
#   see dhcpd.conf(5) man page
#
subnet 192.168.1.0 netmask 255.255.255.0{
    range 192.168.1.10 192.168.1.200;
    option routers 192.168.1.254;              # 指定客户端默认网关地址
    option domain-name-servers 192.168.1.2;    # 指定客户端默认 DNS 服务器地址
    default-lease-time 86400;
    max-lease-time 172800;
}
```

（2）配置完成后，检查配置文件语法是否正确并重启 DHCP 服务，配置命令如下：

```
[root@DHCPserver ~]# dhcpd -t -cf /etc/dhcp/dhcpd.conf
Internet Systems Consortium DHCP Server 4.4.2
Copyright 2004-2020 Internet Systems Consortium.
All rights reserved.
For info, please visit https://www.isc.org/software/dhcp/
ldap_gssapi_principal is not set,GSSAPI Authentication for LDAP will not be
used
Not searching LDAP since ldap-server, ldap-port and ldap-base-dn were not
specified in the config file
Config file: /etc/dhcp/dhcpd.conf
Database file: /var/lib/dhcpd/dhcpd.leases
PID file: /var/run/dhcpd.pid
Source compiled to use binary-leases
[root@Jan16 ~]#systemctl restart dhcpd
```

**任务验证**

（1）先禁用网卡 ens37 再重启，配置命令如下：

```
[root@Jan16-PC1 ~]# nmcli connection down ens37
[root@Jan16-PC1 ~]# nmcli connection up ens37
```

（2）客户端获取 IP 地址后，使用"nmcli"命令查看网关地址和 DNS 服务器地址是否成功获取，配置命令如下：

```
[root@Jan16-PC1 ~]# nmcli device show ens37
## 省略显示部分内容 ##
IP4.ADDRESS[1]:          192.168.1.10/24
IP4.GATEWAY:             192.168.1.254
IP4.ROUTE[1]:      dst = 0.0.0.0/0, nh = 192.168.1.254, mt = 102
IP4.ROUTE[2]:      dst = 192.168.1.10/32, nh = 0.0.0.0, mt = 0, table=255
IP4.ROUTE[3]:      dst = 192.168.1.0/24, nh = 0.0.0.0, mt = 102
IP4.DNS[1]:              192.168.1.2
## 省略显示部分内容 ##
```

（3）查看 DNS 服务器地址是否写入到客户端域名解析器文件"/etc/resolv.conf"中，配置命令如下：

```
[root@Jan16-PC1 ~]# cat /etc/resolv.conf
# Generated by NetworkManager
nameserver 192.168.1.2
```

（4）在客户端 PC2 上，使用同样的方法验证是否能够成功获取完整的信息并且信息无误，配置命令如下：

```
[root@Jan16-PC2 ~]# nmcli connection down ens37
[root@Jan16-PC2 ~]# nmcli connection up ens37
[root@Jan16-PC2 ~]# nmcli device show ens37
GENERAL.DEVICE:             ens37
## 省略显示部分内容 ##……IP4.ADDRESS[1]:        192.168.1.11/24
IP4.ADDRESS[1]:          192.168.1.11/24
IP4.GATEWAY:             192.168.1.254
IP4.ROUTE[1]:      dst = 0.0.0.0/0, nh = 192.168.1.254, mt = 100
IP4.ROUTE[2]:      dst = 192.168.1.11/32, nh = 0.0.0.0, mt = 0, table=255
IP4.ROUTE[3]:      dst = 192.168.1.0/24, nh = 0.0.0.0, mt = 100
IP4.DNS[1]:              192.168.1.2
## 省略显示部分内容 ##

[root@2Jan16 ~]# cat /etc/resolv.conf
# Generated by NetworkManager
nameserver 192.168.1.2
```

# 任务 7-3　配置 DHCP 中继代理

🌸 任务规划

　　任务 7-2 通过部署 DHCP 服务，实现了信息中心客户端 IP 地址的自动配置，以及信息中心和外网的正常访问，提高了信息中心 IP 地址的分配与管理效率。

扫一扫

微课：配置 DHCP 中继，
实现所有部门客户机自动
配置网络信息

为此，Jan16 公司要求网络管理员尽快为公司其他部门部署 DHCP 服务，实现全公司 IP 地址的自动分配与管理。第一个部署 DHCP 服务的部门是研发部，研发部的网络拓扑如图 7-5 所示。

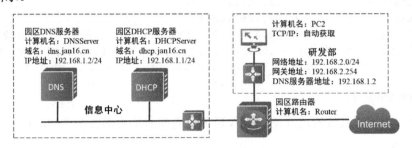

**图 7-5　研发部的网络拓扑**

DHCP 客户端通过广播方式与 DHCP 服务器通信，如果 DHCP 客户端和 DHCP 服务器不在同一个网段，那么必须在路由器上部署 DHCP 中继代理服务，以实现 DHCP 客户端通过 DHCP 中继代理服务自动获取 IP 地址。

因此，本任务需要在 DHCP 服务器上部署与研发部匹配的 DHCP 作用域，并在路由器上配置 DHCP 中继代理服务以便在研发部客户端上部署 DHCP 服务。本任务的步骤如下。

（1）在 DHCP 服务器上为研发部配置 DHCP 作用域。

（2）在路由器上配置 DHCP 中继代理服务。

## 任务实施

### 1. 在 DHCP 服务器上为研发部配置 DHCP 作用域

（1）修改 DHCP 服务的配置文件，加入为研发部配置的 DHCP 作用域，可分配的 IP 地址范围为 192.168.2.10 ～ 192.168.2.200，DNS 服务器地址为 192.168.1.2，网关地址为 192.168.2.254，配置命令如下：

```
[root@DHCPserver ~]# vim /etc/dhcp/dhcpd.conf
#
# DHCP Server Configuration file.
#   see /usr/share/doc/dhcp-server/dhcpd.conf.example
#   see dhcpd.conf(5) man page
#
subnet 192.168.1.0 netmask 255.255.255.0{
    range 192.168.1.10 192.168.1.200;
    option routers 192.168.1.254;
    option domain-name-servers 192.168.1.2;
    default-lease-time 86400;
    max-lease-time 172800;
}
```

```
## 添加如下内容后，保存退出
subnet 192.168.2.0 netmask 255.255.255.0{
    range 192.168.2.10 192.168.2.200;
    option routers 192.168.2.254;
    option domain-name-servers 192.168.1.2;
    default-lease-time 86400;
    max-lease-time 172800;
}
```

（2）配置文件修改完成后，重启 DHCP 服务，配置命令如下：

```
[root@DHCPserver ~]# systemctl restart dhcpd
```

（3）配置主 DHCP 服务器的 IP 地址为 192.168.1.1/24，对应的网关地址为 192.168.1.254，配置命令如下：

```
[root@DHCPserver ~]# nmcli connection modify ens37 ipv4.addresses
192.168.1.1/24 ipv4.gateway 192.168.1.254
[root@DHCPserver ~]# nmcli connection reload ens37
[root@DHCPserver ~]# nmcli connection up ens37
```

## 2. 在路由器上配置 DHCP 中继代理服务

（1）为 DHCP 中继代理服务器配置 IP 地址，与 DHCP 服务器处于同一网段的网卡 ens37 的 IP 地址为 192.168.1.254/24，与研发部客户端处于同一网段的网卡 ens38 的 IP 地址为 192.168.2.254/24。使用"nmcli"命令进行配置，配置命令如下：

```
[root@Router ~]# nmcli connection modify ens37 ipv4.addresses
192.168.1.254/24 ipv4.method manual
[root@Jan16 ~]# nmcli connection up ens37
Connection successfully activated (D-Bus active path: /org/freedesktop/
NetworkManager/ActiveConnection/23)
[root@Router ~]# nmcli connection add type ethernet ifname ens38 con-name
ens38 ipv4.method manual ipv4.addresses 192.168.2.254/24
[root@Jan16 ~]# nmcli connection up ens38
Connection successfully activated (D-Bus active path: /org/freedesktop/
NetworkManager/ActiveConnection/24)
```

（2）查看设备连接情况及 IP 地址是否已经正确配置，配置命令如下：

```
[root@Router ~]# nmcli connection show
NAME    UUID                                    TYPE      DEVICE
ens37   4a5516a4-dfa4-24af-b1c4-e843e312e2fd    ethernet  ens37
ens33   4546f728-7f2e-4c31-b010-975deb23a631    ethernet  ens33
ens38   538791b4-d9ac-4a79-b9b9-1a655725b013    ethernet  ens38
[root@Router ~]# ip address show
3: ens37: <BROADCAST,MULTICAST,UP,LOWER_UP> mtu 1500 qdisc fq_codel state UP
group default qlen 1000
    link/ether 00:0c:29:3f:42:14 brd ff:ff:ff:ff:ff:ff
    altname enp2s5
    inet 192.168.1.254/24 brd 192.168.1.255 scope global noprefixroute ens37
```

```
        valid_lft forever preferred_lft forever
## 省略显示部分内容 ##
4: ens38: <BROADCAST,MULTICAST,UP,LOWER_UP> mtu 1500 qdisc fq_codel state UP
group default qlen 1000
    link/ether 00:0c:29:3f:42:1e brd ff:ff:ff:ff:ff:ff
    altname enp2s6
    inet 192.168.2.254/24 brd 192.168.2.255 scope global noprefixroute ens38
## 省略显示部分内容 ##        valid_lft forever preferred_lft forever
```

（3）在 DHCP 中继代理服务器内开启路由功能。使用"vim"命令将路由配置文件"/etc/sysctl.conf"中的"net.ipv4.ip_forward"选项的参数修改为 1，配置命令如下：

```
[root@Router]# vim /etc/sysctl.conf
# To override a whole file, create a new file with the same in
# /etc/sysctl.d/ and put new settings there. To override
# only specific settings, add a file with a lexically later
# name in /etc/sysctl.d/ and put new settings there.
#
# For more information, see sysctl.conf(5) and sysctl.d(5).
kernel.sysrq=0
net.ipv4.ip_forward=1
net.ipv4.conf.all.send_redirects=0
net.ipv4.conf.default.send_redirects=0
## 省略显示部分内容 ##
```

（4）使用"sysctl -p"命令使配置马上生效，配置命令如下：

```
[root@Router ]# sysctl -p
net.ipv4.ip_forward = 1
## 省略显示部分内容 ##
```

（5）在 DHCP 中继代理服务器上使用"yum"命令配置 dhcp-relay 服务和 dhcp-server 服务，配置命令如下：

```
[root@Router ~]# yum -y install dhcp-relay dhcp-server
```

（6）在 DHCP 中继代理服务配置完成后，使用"dhcrelay"命令开启 DHCP 中继代理服务，配置命令如下：

```
[root@Router ~]# dhcrelay 192.168.1.1
Dropped all unnecessary capabilities.
Internet Systems Consortium DHCP Relay Agent 4.4.2
Copyright 2004-2020 Internet Systems Consortium.
All rights reserved.
For info, please visit https://www.isc.org/software/dhcp/
Listening on LPF/ens38/00:0c:29:3f:42:1e
Sending on   LPF/ens38/00:0c:29:3f:42:1e
Listening on LPF/ens37/00:0c:29:3f:42:14
Sending on   LPF/ens37/00:0c:29:3f:42:14
Listening on LPF/ens33/00:0c:29:3f:42:0a
Sending on   LPF/ens33/00:0c:29:3f:42:0a
Sending on   Socket/fallback
```

🌿 **任务验证**

配置 DHCP 客户端并验证 IP 地址是否自动配置完成，具体步骤如下。

（1）查看研发部客户端的 IP 地址。使用"nmcli"命令将 ens37 网卡的 IP 地址获取方式修改为"自动"。启用禁用网卡，查看 DHCP 中继代理服务是否配置成功，配置命令如下：

```
[root@Jan16-PC2 ~]# nmcli connection modify ens37 ipv4.method auto
[root@Jan16-PC2 ~]# nmcli connection down ens37
[root@Jan16-PC2 ~]# nmcli connection up ens37
[root@Jan16-PC2 ~]# nmcli device show ens37
## 省略显示部分内容 ##
IP4.ADDRESS[1]:                   192.168.2.10/24
IP4.GATEWAY:                      --
IP4.ROUTE[1]:          dst = 192.168.2.1/32, nh = 0.0.0.0, mt = 0, table=255
IP4.ROUTE[2]:          dst = 192.168.2.0/24, nh = 0.0.0.0, mt = 101
IP4.DNS[1]:                       192.168.1.2
## 省略显示部分内容 ##
```

（2）使用"cat"命令查看"resolv.conf"文件，配置命令如下：

```
[root@Jan16-PC2 ]# cat /etc/resolv.conf
# Generated by NetworkManager
nameserver 192.168.1.2
```

# 任务 7-4　DHCP 服务器的日常运维与管理

🌿 **任务规划**

DHCP 服务器运行一段时间后，员工反映现在接入网络变得简单快捷了，员工体验很好。DHCP 服务已经成为企业基础网络架构的重要服务之一，因此人们希望网络部门能对 DHCP 服务器进行日常运维与管理，务必保障 DHCP 服务的可用性。

微课：DHCP 服务器的日常
运维与管理

提高 DHCP 服务器的可用性一般通过以下两种途径实现。

（1）在日常运维中对 DHCP 服务器进行监控，查看 DHCP 服务器是否正常工作。

（2）定期备份 DHCP 服务器，一旦 DHCP 服务器出现故障，可以通过备份快速还原。

🌿 **任务实施**

**1. 使用"systemctl status dhcpd"命令查看 DHCP 服务状态**

确保 DHCP 服务处于"active (running)"状态，后续可配置其他监控服务对 DHCP 服务器进行实时监控，配置命令如下：

```
[root@DHCPserver ]# systemctl status dhcpd
● dhcpd.service - DHCPv4 Server Daemon
    Loaded: loaded (8;;file://DHCPserver/usr/lib/systemd/system/dhcpd.service/
usr/lib/systemd/system/dhc>
    Active: active (running) since Thu 2021-12-23 13:47:41 CST; 9min ago
     Docs: 8;;man:dhcpd(8)man:dhcpd(8)8;;
          8;;man:dhcpd.conf(5)^Gman:dhcpd.conf(5)8;;
  Main PID: 26314 (dhcpd)
    Status: "Dispatching packets..."
     Tasks: 1 (limit: 8989)
    Memory: 4.6M
    CGroup: /system.slice/dhcpd.service
            └─26314 /usr/sbin/dhcpd -f -cf /etc/dhcp/dhcpd.conf -user
dhcpd -group dhcpd --no-pid
```

### 2. DHCP 服务器的备份

当对 openEuler 操作系统中的 DHCP 服务器进行备份时，只需要保存配置文件，可以创建定时任务进行备份。备份的要求为将配置文件保存到"/backup/dhcp"目录下，每周日备份一次，备份的格式为文件名后加备份时间，文件的后缀为".bak"，配置命令如下：

```
[root@DHCPserver ~]# crontab -e
* * * * 0 /usr/bin/mkdir -p /backup/dhcp/
* * * * 0 /usr/bin/cp /etc/dhcp/dhcpd.conf /backup/dhcp/dhcpd.conf_$(date
+\%Y\%m\%d).bak
 [root@DHCPserver ~]# crontab -l
* * * * 0 /usr/bin/mkdir -p /backup/dhcp/
* * * * 0 /usr/bin/cp /etc/dhcp/dhcpd.conf /backup/dhcp/dhcpd.conf_$(date
+\%Y\%m\%d).bak
```

### 3. DHCP 服务器的还原

如果 DHCP 服务器出现问题，那么可采用 DHCP 的 Failover 协议实施 DHCP 服务器的热备份，该操作具有如下优点。

（1）一台 DHCP 服务器故障不影响 DHCP 服务的正常运行，可以将故障机下线维修好后再上线。

（2）单台 DHCP 服务器故障对用户没有任何影响。

（3）此方案采用双机热备份，这样负载可以相对均衡地分布在两台服务器上，因此可以更好地应对严重的 DHCP 攻击等突发事件。

### 4. DHCP 配置文件的语法检查

在书写 DHCP 配置文件的内容时，出现语法错误后 DHCP 服务是无法正常启动的，可以使用"dhcpd"命令检查语法，配置命令如下：

```
[root@DHCPserver ~]# dhcpd -t -cf /etc/dhcp/dhcpd.conf
Internet Systems Consortium DHCP Server 4.4.2
Copyright 2004-2020 Internet Systems Consortium.
All rights reserved.
For info, please visit https://www.isc.org/software/dhcp/
/etc/dhcp/dhcpd.conf line 20: semicolon expected.
}
 ^
/etc/dhcp/dhcpd.conf line 20: expecting a parameter or declaration

^
/etc/dhcp/dhcpd.conf line 20: unexpected end of file

^
Configuration file errors encountered -- exiting

This version of ISC DHCP is based on the release available
on ftp.isc.org. Features have been added and other changes
have been made to the base software release in order to make
it work better with this distribution.

Please report issues with this software via:
https://bugzilla.redhat.com/

exiting.
```

使用上述命令后会提示语法错误的位置和错误的行数，可以对照该提示进行修改，错误 1 为 range 拼写错误，错误 2 为语句结束没有添加分号。

### 5. DHCP 服务器的故障排查

当 DHCP 客户端无法发现 DHCP 服务器或无法获取正确的 IP 地址时，可以进行以下操作。

（1）查看 DHCP 服务器和 DHCP 客户端之间的物理连通性，以及是否存在丢包或延迟较大的情况。

（2）使用抓包软件查看 DHCP 服务协商的 4 个流程是否出现错误。

（3）查看 DHCP 服务地址池网段是否配置错误。

（4）查看 DHCP 服务是否正常启动。

（5）查看 DHCP 服务的日志文件，大部分问题都会给出提示，如 DHCP 服务租约时间设置得过长等。此外，地址池中的地址分配完毕、没有空闲地址，也会导致 DHCP 客户端无法获取地址，或者会在其他的 DHCP 服务器上获取到不正确的地址。

```
[root@DHCPserver ~]# systemctl status dhcpd
● dhcpd.service - DHCPv4 Server Daemon
   Loaded: loaded (8;;file://Jan16-cn/usr/lib/systemd/system/dhcpd.service/
```

```
usr/lib/systemd/system/dhcpd>
     Active: active (running) since Thu 2021-12-23 10:54:58 CST; 10min ago
       Docs: 8;;man:dhcpd(8)^Gman:dhcpd(8)8;;
             8;;man:dhcpd.conf(5)^Gman:dhcpd.conf(5)8;;
   Main PID: 25128 (dhcpd)
     Status: "Dispatching packets..."
      Tasks: 1 (limit: 8989)
     Memory: 4.5M
     CGroup: /system.slice/dhcpd.service
             └─25128 /usr/sbin/dhcpd -f -cf /etc/dhcp/dhcpd.conf -user
dhcpd -group dhcpd --no-pid

12 月 23 05:36:09 jan16.cn dhcpd[25128]: DHCPDISCOVER from 00:0c:29:10:94:b3
via ens37: network 192.168.1.0/24: no free leases
12 月 23 05:36:09 jan16.cn dhcpd[25128]: DHCPDISCOVER from 00:0c:29:10:94:b3
via 192.168.1.2: network 192.168.1.0/24: no free leases
12 月 23  05:36:20 jan16.cn dhcpd[25128]: DHCPDISCOVER from 00:0c:29:10:94:b3
via ens37: network 192.168.1.0/24: no free leases
12 月 23  05:36:20 jan16.cn dhcpd[25128]: DHCPDISCOVER from 00:0c:29:10:94:b3
via 192.168.1.2: network 192.168.1.0/24: no free leases
```

## 任务验证

查看在"/backup/dhcp"目录下是否存在备份文件。

```
[root@DHCPserver bak]# ll
total 8
-rw-r--r-- 1 root root 488 12 月 23  04:51 dhcpd.conf_20220323.bak
```

## 练 习 与 实 践

### 一、理论题

选择题

1. DHCP 服务的配置文件为（　　　）。

    A．/etc/dhcp/dhcpd6.conf         B．/etc/dhcp/dhcpd.conf

    C．/etc/dhcp/dhcpclient.conf       D．/etc/dhcp/dhcpclient.d

2. 查询已安装的 DHCP 服务器的软件包内所含文件信息使用的命令是（　　　）。

    A．rpm -qa dhcp-server         B．rpm -ql dhcp-server

    C．rpm -V dhcp-server          D．rpm -qp dhcp-server

3. DHCP 服务器为跨网段的客户端分配 IP 地址时，需要以下（　　　）服务？

    A．路由                 B．网关

　　　　C．DHCP 中继代理服务　　　　　D．防火墙

4．可以使用（　　）方法查看 DHCP 服务器是否正常启动？

　　　　A．find /dhcp　　　　　　　　B．less /var/log/message

　　　　C．cat /etc/passwd　　　　　　D．ss -tunlp

5．DHCP 配置文件中的"option routers"参数的含义是（　　　）。

　　　　A．分配给客户端一个固定的地址

　　　　B．为客户端指定子网掩码

　　　　C．为客户端指定 DNS 域名

　　　　D．为客户端指定默认网关

6．DHCP 服务器分配给客户端的默认租约是（　　）天。

　　　　A．8　　　　　B．7　　　　　C．6　　　　　D．5

7．在 Linux 操作系统下 DHCP 服务器可以通过以下（　　）命令重新获取 TCP/IP 参数。

　　　　A．dhclient -v eth0　　　　　　B．dhclient -r eth0　/all

　　　　C．ipconfig　/renew　　　　　　D．ipconfig　/release

## 二、项目实训题

1．项目内容

Jan16 公司内部原有的办公计算机全部使用静态 IP 地址实现互联互通，由于公司规模不断扩大，需要通过部署 DHCP 服务让销售部、行政部和财务部的所有主机动态获取 TCP/IP 参数，实现全网连通。根据 Jan16 公司的网络规划，划分 VLAN 1、VLAN 2 和 VLAN 3 三个网段，网络地址分别为 172.20.0.0/24、172.21.0.0/24 和 172.22.0.0/24。Jan16 公司将安装了 openEuler 操作系统的服务器作为各部门互联的路由器，并根据 Jan16 公司的网络拓扑（见图 7-6）配置网络环境。

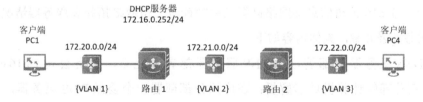

图 7-6　Jan16 公司的网络拓扑

2．项目要求

（1）根据图 7-6 分析网络需求，配置计算机，实现全网连通。

（2）配置 DHCP 服务器，令 PC1 能够自动获取 IP 地址并能与 PC4 通信。

（3）结果验证：要求客户端执行"ip address show"命令，并将结果截图。

# 项目 8　部署企业的 DNS 服务

## 学习目标

（1）了解 DNS 的基本概念。

（2）掌握 DNS 的域名解析过程。

（3）掌握主 DNS 服务器、辅助 DNS 服务器、转发 DNS 服务器、缓存 DNS 服务器等的概念与应用。

（4）掌握 DNS 服务器的备份与还原等常规维护与管理操作。

（5）掌握多区域企业组织架构下 DNS 服务器部署业务实施流程。

## 项目描述

Jan16 公司总部位于北京，分部位于广州，并在香港设有办事处，公司总部和分部建有公司大部分的应用服务器，香港办事处仅建有少量的应用服务器。

现阶段，Jan16 公司内部全部通过 IP 地址相互访问，员工经常抱怨 IP 地址众多且难以记忆，要访问相关的业务系统非常麻烦，因此 Jan16 公司要求网络管理员尽快部署 DNS 服务，实现基于域名访问公司的业务系统，以提高工作效率。

基于此，Jan16 公司信息部网络高级工程师针对公司网络拓扑和服务器情况制作了一份 DNS 服务部署方案，具体内容如下。

（1）DNS 服务器的部署。主 DNS 服务器部署在北京，负责公司 jan16.cn 域名的管理和北京总部的计算机域名解析；在广州分部部署一个委派 DNS 服务器，负责公司 gz.jan16.cn 域名的管理和广州分部的计算机域名解析；在香港办事处部署一个辅助 DNS 服务器，负责香港办事处的计算机域名解析。

（2）公司域名规划。Jan16 公司为主要应用服务器做了域名规划，域名、IP 地址和服务器的映射关系如表 8-1 所示。

表 8-1　域名、IP 地址和服务器的映射关系

| 服 务 器 | 计算机名称 | IP 地址 | 域 名 | 位 置 |
|---|---|---|---|---|
| 主 DNS 服务器 | DNS | 192.168.1.1/24 | dns.jan16.cn | 北京总部 |
| Web 服务器 | WEB | 192.168.1.10/24 | www.jan16.cn | 北京总部 |
| 委派 DNS 服务器 | GZDNS | 192.168.1.100/24 | dns.gz.jan16.cn | 广州分部 |
| 文件服务器 | FS | 192.168.1.101/24 | fs.gz.jan16.cn | 广州分部 |
| 辅助 DNS 服务器 | HKDNS | 192.168.1.200/24 | hkdns.jan16.cn | 香港办事处 |

（3）公司 DNS 服务器的日常维护与管理。网络管理员应具备 DNS 服务器的日常维护与管理能力，包括启动和关闭 DNS 服务、检查 DNS 服务运行状态等，要求管理员每月备份一次 DNS 服务器的数据，在 DNS 服务器出现故障时能利用备份数据快速还原。Jan16公司网络拓扑如图 8-1 所示。

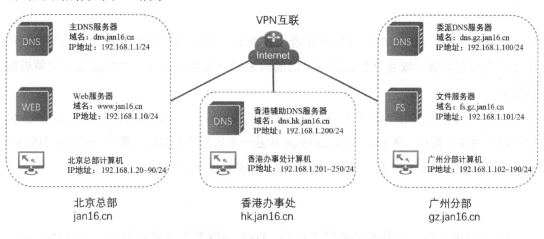

图 8-1　Jan16 公司网络拓扑

项目分析

DNS 服务被应用于域名和 IP 地址的映射，相对于 IP 地址，域名更容易被用户记忆，通过部署 DNS 服务器可以实现计算机使用域名访问各种应用服务器，以提高工作效率。

在企业网中，常根据企业地理位置和所管理域名的数量，部署不同类型的 DNS 服务器，以解决域名解析问题。

根据 Jan16 公司网络拓扑和项目需求，本项目可以分解为以下几个工作任务。

（1）部署北京总部的主 DNS 服务器。

（2）部署广州分部的委派 DNS 服务器。

（3）部署香港办事处的辅助 DNS 服务器。

（4）DNS 服务器的管理。

在 TCP/IP 网络中，计算机之间的通信依靠 IP 地址实现。然而，由于 IP 地址是一些数字的组合，因此对于普通用户来说，记忆和使用 IP 地址都非常不方便。为解决该问题，需要为用户提供一种方便记忆和使用的名称，并且需要将该名称转换为 IP 地址以便实现网络通信，DNS 就是一套用简单易记的名称来映射 IP 地址的解决方案。

# 8.1 DNS 的基本概念

## 1. DNS

域名虽然便于记忆，但计算机只能通过 IP 地址进行通信，域名和 IP 地址之间的转换工作称为域名解析，域名解析需要由专门的域名解析服务器完成，DNS 就是域名解析的服务器。

DNS 名称采用完全合格域名（Fully Qualified Domain Name，FQDN）的形式，由主机名和域名两部分组成。例如，www.jan16.cn 就是一个典型的 FQDN，其中 jan16.cn 为域名，表示一个区域；www 为主机名，表示 jan16.cn 区域内的一台主机。

## 2. 域名空间

DNS 的域呈现一种分布式的层次结构。DNS 的域名空间包括根域（Root Domain）、顶级域（Top-Level Domain）、二级域（Second-Level Domain）及子域（Subdomain）。例如，在 www.Jan16.com.cn 中，"."代表根域，"cn"为顶级域，"com"为二级域，"jan16"为子级域，"www"为主机名。

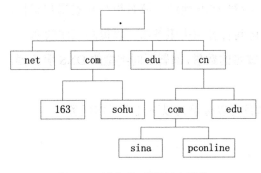

图 8-2　域名体系的层次结构

DNS 规定，域名中的标号都由英文字母和数字组成，每个标号不超过 63 个字符，英文字母不区分大小写，除连字符（-）外不能使用其他的标点符号。级别最低的域名写在最左边，级别最高的域名写在最右边。由多个标号组成的完整域名不超过 255 个字符。域名体系的层次结构如图 8-2 所示。

顶级域有两种划分方式：机构域和地理域。表 8-2 所示为常用的机构域和地理域。

**表 8-2  常用的机构域和地理域**

| 机 构 域 | | 地 理 域 | |
|---|---|---|---|
| .com | 商业组织 | .cn | 中国 |
| .edu | 教育组织 | .us | 美国 |
| .net | 网络支持组织 | .fr | 法国 |
| .gov | 政府机构 | .hk | 中国香港（地区） |
| .org | 非商业性组织 | .mo | 中国澳门（地区） |
| .int | 国际组织 | .tw | 中国台湾（地区） |

# 8.2  DNS 服务器的分类

DNS 服务器用于实现域名和 IP 地址的双向解析，将域名解析为 IP 地址的过程称为正向解析，将 IP 地址解析为域名的过程称为反向解析。在网络中，主要存在 4 种 DNS 服务器：主 DNS 服务器、辅助 DNS 服务器、转发 DNS 服务器和缓存 DNS 服务器。

### 1. 主 DNS 服务器

主 DNS 服务器（又称权威 DNS 服务器）是特定 DNS 域内所有信息的权威性信息源。主 DNS 服务器中保存着自主产生的区域文件（保存区域数据），该文件是可读写的。当 DNS 区域中的信息发生变化时，这些变化都会被保存到主 DNS 服务器的区域文件中。

### 2. 辅助 DNS 服务器

辅助 DNS 服务器不创建区域文件，它的区域文件是从主 DNS 服务器中复制来的，因此它的区域文件只能读不能修改，也称为副本区域文件。当启动辅助 DNS 服务器时，辅助 DNS 服务器会与主 DNS 服务器建立联系，并从主 DNS 服务器中复制数据。辅助 DNS 服务器会定期地更新副本区域文件，以尽可能地保证副本区域文件和区域文件的一致性。辅助 DNS 服务器除可以从主 DNS 服务器中复制数据以外，还可以从其他辅助 DNS 服务器中复制数据。

在一个区域中设置多个辅助 DNS 服务器可以减轻主 DNS 服务器的负担，同时可以加快 DNS 解析的速度。

### 3. 转发 DNS 服务器

转发 DNS 服务器用于将 DNS 解析请求转发给其他 DNS 服务器。当 DNS 服务器接收到客户端的请求后，首先会尝试从本地数据库中查找数据，并将其返回给客户端作为解析结果；若未找到，则需要向其他 DNS 服务器转发 DNS 解析请求，其他 DNS 服务器完成解析后会返回解析结果，转发 DNS 服务器会将该结果保存在自己的缓存中，同时向客户端返回解析结果。如果客户端再次请求解析相同的名称，那么转发 DNS 服务器会根据缓存回复该客户端。

### 4．缓存 DNS 服务器

缓存 DNS 服务器可以提供域名解析功能，但没有任何本地数据库文件。缓存 DNS 服务器必须同时是转发 DNS 服务器，它将客户端的 DNS 解析请求转发给其他 DNS 服务器，并将其他 DNS 服务器返回的解析结果保存在自己的缓存中。缓存 DNS 服务器与转发 DNS 服务器的区别在于没有本地数据库文件，缓存 DNS 服务器仅缓存本地局域网内客户端的查询结果。缓存 DNS 服务器不是权威的 DNS 服务器，因为它提供的所有信息都是间接信息。

## 8.3 DNS 委派

DNS 委派是指将特定的域名下的子域名管理权委托给另外一个或多个 DNS 服务器。在域名系统中，当一个域名的所有权者决定将子域名的管理权委托给其他 DNS 服务器时，就需要进行 DNS 委派。DNS 委派是通过在上级域名服务器中设置 NS 记录来实现的。NS 记录指定了一个域名的主 DNS 服务器，也就是负责管理该域名的 DNS 服务器。

例如，jan16.cn 域名的 DNS 服务器 1 将 gz.jan16.cn 子域名委派给 DNS 服务器 2，则 DNS 服务器 1 是 jan16.cn 的主 DNS 服务器，DNS 服务器 2 是 gz.jan16.cn 的主 DNS 服务器。

DNS 委派的好处是可以将域名的管理分散到不同的服务器上，提高系统的可扩展性和可靠性。例如，当一个域名的流量很大时，可以将其子域名的解析交给不同的服务器处理，以减轻单个服务器的负载。此外，委派还可以实现灵活的域名管理，如将不同子域名的解析交给不同的组织或个人来管理。

## 8.4 DNS 服务器的查询模式

DNS 客户端向 DNS 服务器提出查询请求，DNS 服务器做出响应的过程称为域名解析。

当 DNS 客户端向 DNS 服务器提交域名查询 IP 地址，或者 DNS 服务器向另一台 DNS 服务器（提出查询的 DNS 服务器相对而言也是 DNS 客户端）提交域名查询 IP 地址时，

DNS 服务器做出响应的过程称为正向解析。反过来，DNS 客户端向 DNS 服务器提交 IP
地址查询域名，DNS 服务器做出响应的过程称为反向解析。

根据 DNS 服务器对 DNS 客户端的不同响应方式，域名解析可分为两种类型：递归查
询和迭代查询。

### 1．递归查询

递归查询发生在 DNS 客户端向 DNS 服务器发出解析请求时，DNS 服务器会向 DNS
客户端返回两种结果：查询到的结果或查询失败。如果当前 DNS 服务器无法解析域名，
它不会告知 DND 客户端，而会自行向其他 DNS 服务器查询并完成解析，并将解析结果反
馈给 DNS 客户端。

### 2．迭代查询

迭代查询通常发生在一台 DNS 服务器向另一台 DNS 服务器发出解析请求时。发起者
向 DNS 服务器发出解析请求，如果当前 DNS 服务器未能在本地查询到请求的数据，那么
当前 DNS 服务器会将另一台 DNS 服务器的 IP 地址告知查询 DNS 服务器，由发起查询的
DNS 服务器自行向另一台 DNS 服务器发起查询；以此类推，直至查询到所需数据。

"迭代"的意思是若在某地查询不到，该地就会告知查询者其他地址，让查询者转到
其他地址去查询。

迭代查询一般用于根 DNS 服务器或 DNS 请求域名的上级权威域名服务器，将查询的
域名权威服务器告知给查询 DNS 服务器。例如，查询者向 jan16.cn 域名的主服务器 1 发
起 www.gz.jan16.cn 域名查询，主服务器 1 将 gz.jan16.cn 的主 DNS 服务器 2 的 IP 地址发
送给查询者，由查询者自行向 gz.jan16.cn 发起查询。

## 8.5　DNS 的域名解析过程

DNS 的域名解析过程如图 8-3 所示。

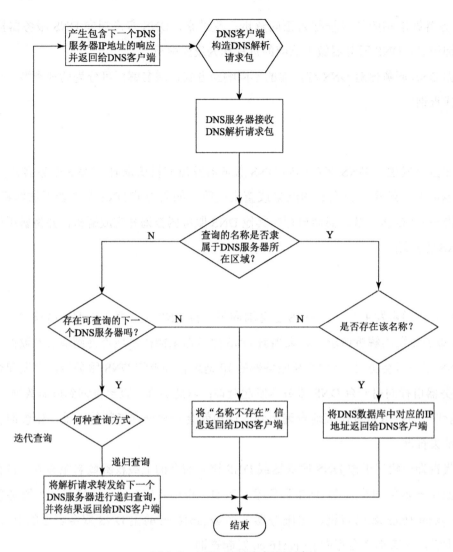

图 8-3　DNS 的域名解析过程

# 8.6　DNS 服务常用的配置文件及参数

一般的 DNS 服务的配置文件分为全局配置文件、根区域文件、区域配置文件、正向区域文件和反向区域文件。

## 1. /etc/named.conf 文件（全局配置文件）

全局配置包括 DNS 服务的基本配置和根区域配置，其他区域配置使用"include"参数加载外部的区域配置文件。

全局配置文件的部分输出如下：

```
//
// named.conf
//
options {
        listen-on port 53 { 127.0.0.1; };
        listen-on-v6 port 53 { ::1; };
        directory       "/var/named";
        dump-file       "/var/named/data/cache_dump.db";
        statistics-file "/var/named/data/named_stats.txt";
        memstatistics-file "/var/named/data/named_mem_stats.txt";
        secroots-file   "/var/named/data/named.secroots";
        recursing-file  "/var/named/data/named.recursing";
        allow-query     { localhost; };
## 省略显示部分内容 ##
        recursion yes;
        dnssec-validation yes;
## 省略显示部分内容 ##
logging {
        channel default_debug {
                file "data/named.run";
                severity dynamic;
        };
};

zone "." IN {
        type hint;
        file "named.ca";
};

include "/etc/named.rfc1912.zones";
include "/etc/named.root.key"
```

options 配置段为全局性的配置，zone 配置段为区域性的配置，其中以 "//" 开头的为注释。常用的配置项及参数解析如表 8-3 所示。

表 8-3 常用的配置项及参数解析

| 常用的配置项 | 参 数 解 析 |
| --- | --- |
| listen-on port 53 {…}; | 设置 named 守护进程监听的 IP 地址和端口。在默认情况下监听 127.0.0.1 的回环地址和 53 端口，在回环地址内只能监听本地客户端请求，可通过命令指定监听的 IP 地址，修改参数为 "any" 代表监听任何 IP 地址 |
| listen-on-v6 port 53 {…}; | 限定监听 IPv6 的接口 |
| directory " "; | 用于指定 named 守护进程的工作目录，各区域正反向搜索解析文件和根 DNS 服务器地址列表文件（named.ca）应保存在该项目指定的目录中 |
| allow-query {…}; | 允许 DNS 查询的客户端地址。修改参数为 "any" 代表匹配任何地址，为 "none" 代表不匹配任何地址，为 "localhost" 代表匹配本地主机所使用的所有 IP 地址，为 "localnets" 代表匹配同本地主机相连的网络中的所有主机 |

| 常用的配置项 | 参 数 解 析 |
|---|---|
| recursion yes; | 是否允许递归查询，yes 为允许，no 为拒绝 |
| dnssec-validation yes; | 在 DNS 查询过程中是否使用 DNSSEC 验证，yes 为启用，no 为禁用 |
| forward{}; | 用于定义 DNS 转发器。在设置了转发器后，所有非本域和在缓存中无法解析的域名记录，可由指定的 DNS 转发器来完成解析工作并进行缓存 |
| zone "…" | 代表该区域名称为 "."，"." 为根域，是整个 DNS 的最高级，该参数项用于指定根 DNS 服务器的配置信息 |
| type hint; | 代表该区域类型。"hint" 代表根域，"master" 代表主域，"slave" 代表从域 |
| file "name.ca" | 指定根的区域配置文件。区域配置文件默认保存在 "/var/named/" 目录下，该参数项代表区域配置文件的目录为 "/var/named/named.ca" |
| include "…"; | 指定区域配置文件，需要根据实际路径和名称修改 |

## 2. /var/named/named.ca 文件（根区域文件）

根区域文件非常重要，包含 Internet 的顶级域名服务器的名字和地址，13 台根服务器，6 台使用 IPv6 地址的根服务器。利用该文件可以让 DNS 服务器找到根 DNS 服务器，并初始化 DNS 服务器的缓冲区。当 DNS 服务器接收到 DNS 客户端主机的查询请求时，如果在缓冲区找不到对应的域名记录，就会通过 DNS 服务器逐级查询。

根区域文件的部分输出如下：

```
## 省略显示部分内容 ##
.                      518400  IN      NS      i.root-servers.net.
.                      518400  IN      NS      j.root-servers.net.
.                      518400  IN      NS      k.root-servers.net.
.                      518400  IN      NS      l.root-servers.net.
.                      518400  IN      NS      m.root-servers.net.
;; ADDITIONAL SECTION:
a.root-servers.net.    518400  IN      A       198.41.0.4
b.root-servers.net.    518400  IN      A       199.9.14.201
c.root-servers.net.    518400  IN      A       192.33.4.12
## 省略显示部分内容 ##
```

根区域文件的参数及其解析如表 8-4 所示。

### 表 8-4 根区域文件的参数及其解析

| 参 数 | 解 析 |
|---|---|
| ; | 以 ";" 开头的行为注释行 |
| .         518400 IN    NS    a.root-servers.net. | "." 表示根域；"518400" 代表存活期；"IN" 代表资源记录的网络类型，表示 Internet 类型；"NS" 代表资源记录类型；"a.root-servers.net" 代表主机域名 |
| a.root-servers.net.    518400 IN    A    198.41.0.4 | A 资源记录用于指定根域服务器的 IP 地址；"a.root-servers.net" 代表主机域名；"518400" 代表存活期；"IN" 代表资源记录的网络类型，表示 Internet 类型；"A" 代表资源记录，"198.41.0.4" 代表对应的 IP 地址 |

### 3. /etc/named.rfc1912.zones 文件（区域配置文件）

在设计初期，为了避免频繁修改全局配置文件而导致 DNS 服务出错，将区域信息的规则保存在区域配置文件内。需要谨慎修改用于定义域名与 IP 地址解析规则文件的保存位置及区域服务类型等内容，编辑该文件前可以对该文件进行备份。

区域配置文件的部分输出如下：

```
zone "localhost.localdomain" IN {
        type master;
        file "named.localhost";
        allow-update { none; };
};
## 省略显示部分内容 ##
zone "1.0.0.127.in-addr.arpa" IN {
        type master;
        file "named.loopback";
        allow-update { none; };
## 省略显示部分内容 ##
```

区域配置文件的参数及其解析如表 8-5 所示。

**表 8-5　区域配置文件的参数及其解析**

| 参　　数 | 解　　析 |
| --- | --- |
| type master; | 代表该区域的区域类型。hint 代表根域，master 代表主域，slave 代表从域 |
| file "named.localhost"; | 指定（正向 / 反向）查询区域的文件 |
| allow-update{}; | 使用允许客户端动态更新，none 代表不允许 |

### 4. /var/named/named.localhost 文件（正向区域文件）、/var/named/named.loopback 文件（反向区域文件）

在 DNS 区域配置中的每个区域都指定了区域配置文件，区域配置文件内定义了域名和 IP 地址的映射关系，如"localhost"的区域文件为"named.localhost"，"1.0.0.127"的区域文件为"named.loopback"。一般在配置正向区域时，会复制"named.localhost"文件作为样例；在配置反向区域时，会复制"named.loopback"文件作为样例。在复制样例文件时，需要添加"-p"参数，以确保 named 用户对文件具有读取权限。

正向区域文件的输出如下：

```
$TTL 1D
@       IN SOA  @ rname.invalid. (
                                0       ; serial
                                1D      ; refresh
                                1H      ; retry
                                1W      ; expire
                                3H )    ; minimum
        NS      @
```

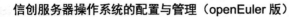

```
     A         127.0.0.1
     AAAA      ::1
```

反向区域文件的输出如下：

```
$TTL 1D
@       IN SOA   @ rname.invalid. (
                                   0       ; serial
                                   1D      ; refresh
                                   1H      ; retry
                                   1W      ; expire
                                   3H )    ; minimum
        NS       @
        A        127.0.0.1
        AAAA     ::1
         PTR     localhost.
```

正、反向区域文件的常用参数及其解析如表 8-6 所示。

表 8-6  正、反向区域文件的常用参数及其解析

| 参　　数 | 解　　析 |
| --- | --- |
| $TTL 1D | 代表地址解析记录的默认缓存天数，TTL 为最小时间间隔，单位为 s。1D 代表一天 |
| @ | 代表该域的替换符，即当前 DNS 的区域名 |
| IN | 代表网络类型 |
| SOA | 起始授权记录（Start of Authority），代表资源记录类型，一个区域解析库有且仅有一个 SOA 记录，必须位于区域解析库的第一条记录处 |
| rname.invalid. | 代表管理员邮箱地址 |
| 0    ; serial | serial 为该文件的版本号，0 为更新序列表，序列号格式为 "yyyymmddnn"，该数据代表辅助 DNS 服务器与主 DNS 服务器进行同步所需要比对的值。若同步时比较值比最后一次更新的值大，则进行区域复制 |
| 1D   ; refresh | 代表刷新时间为一天，该值定义了辅助 DNS 服务器根据定义的时间周期性检查主 DNS 服务器的序列号是否发生改变，若发生改变，则进行区域复制 |
| 1H   ; retry | 重试延时，定义辅助 DNS 服务器在更新间隔到期后，仍然无法与主 DNS 服务器通信时，重试区域复制的时间间隔，默认为 1h |
| 1W   ; expire | 失效时间，定义若辅助 DNS 服务器在特定的时间间隔内无法与主 DNS 服务器取得联系，则该辅助 DNS 服务器上的数据库文件被认定为无效，不再响应查询请求 |
| 3H ) ; minimum | 存活时间，对于没有特别指定存活时间的资源记录，默认取值为 3h |
| NS   @ | Name Server，专用于标明当前区域的 DNS 服务器，格式为 "@   IN  NS  dns.jan16.cn." |
| A   127.0.0.1 | 主机记录，定义域名与 IP 地址的映射关系，格式为 "dns  IN  A  192.168.1.1" |
| PTR   localhost. | 指针记录，定义 IP 地址与域名的映射关系，格式为 "1  IN  RTP  dns.jan16.cn"，1 代表 IP 地址为 192.168.1.1 |
| @  IN  MX  10 mail.jan16.cn | Mail eXchanger，定义邮件服务器，优先级为 10，数字越小优先级越高 |
| web  IN  CNAME www.jan16.cn | Canonical Name，定义别名，代表 web.jan16.cn 是 www.jan16.cn 的别名 |

**🦋 任务实施**

# 任务 8-1　部署北京总部的主 DNS 服务器

**🦋 任务规划**

为了保证北京总部网络的正常运行，需要部署 DNS 服务器，现已为北京总部准备了一台安装了 openEuler 操作系统的服务器。北京总部的网络拓扑如图 8-4 所示。

扫一扫

微课：部署总部主 DNS
服务器

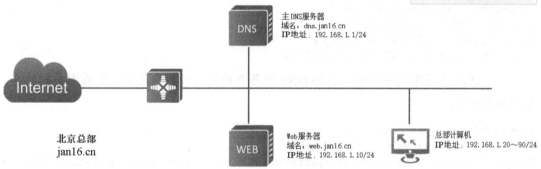

**图 8-4　北京总部的网络拓扑**

Jan16 公司要求网络管理员部署 DNS 服务，实现客户端基于域名访问公司门户网站。北京总部域名、IP 地址和服务器的映射关系如表 8-7 所示。

**表 8-7　北京总部域名、IP 地址和服务器的映射关系**

| 服 务 器 | 计算机名称 | IP 地址 | 域 名 | 位 置 |
|---|---|---|---|---|
| 主 DNS 服务器 | DNS | 192.168.1.1/24 | dns.jan16.cn | 北京总部 |
| Web 服务器 | WEB | 192.168.1.10/24 | web.jan16.cn | 北京总部 |

因此，在北京总部的主 DNS 服务器上安装 openEuler 操作系统后，可以通过以下步骤来部署 DNS 服务。

（1）配置 DNS 服务。

（2）为 jan16.cn 创建主要区域。

（3）为北京总部服务器注册域名。

（4）为北京总部客户端配置 DNS 服务器地址。

**任务实施**

### 1. 配置 DNS 服务

（1）配置 DNS 服务，使用"yum"命令下载 DNS 服务依赖的软件包。需要安装的软件包为 bind、bind-chroot 和 bind-utils，下载完成后，使用"rpm"命令查看是否已正常安装，配置命令如下：

```
[root@DNS ~]# yum -y install bind bind-chroot bind-utils
[root@DNS ~]# rpm -qa | grep bind
bind-export-libs-9.11.21-12.oe1.x86_64
bind-9.11.21-12.oe1.x86_64
bind-chroot-9.11.21-12.oe1.x86_64
rpcbind-1.2.5-2.oe1.x86_64
bind-libs-9.11.21-12.oe1.x86_64
python3-bind-9.11.21-12.oe1.noarch
bind-utils-9.11.21-12.oe1.x86_64
bind-libs-lite-9.11.21-12.oe1.x86_64
```

（2）DNS 服务配置完成后，启动 DNS 服务并设置为开机自启动，查看服务的状态，配置命令如下：

```
[root@DNS ~]# systemctl start named
[root@DNS ~]# systemctl enable named
Created symlink /etc/systemd/system/multi-user.target.wants/named.service →
/usr/lib/systemd/system/named.service.
[root@DNS ~]# systemctl status named
● named.service - Berkeley Internet Name Domain (DNS)
    Loaded: loaded (8;;file://DNS/usr/lib/systemd/system/named.service/
usr/lib/systemd/system/n>
    Active: active (running) since Tue 2021-12-28 08:49:50 CST; 1min 36s
ago
   Main PID: 1726 (named)
     Tasks: 5 (limit: 8989)
    Memory: 54.1M
    CGroup: /system.slice/named.service
            └─1726 /usr/sbin/named -u named -c /etc/named.conf
...
```

（3）使用"nmcli"命令对主 DNS 服务器的网络配置参数进行配置，IP 地址为 192.168.1.1/24，DNS 服务器地址设置为本机，配置命令如下：

```
[root@DNS ~]# nmcli connection modify ens37 ipv4.addresses 192.168.1.1/24
ipv4.dns 192.168.1.1
[root@DNS ~]# nmcli connection up ens37
```

（4）使用"cat"命令查看"/etc/resolv.conf"文件，配置命令如下：

```
[root@DNS named]# cat /etc/resolv.conf
# Generated by NetworkManager
```

```
nameserver 192.168.1.1
```

## 2. 为 jan16.cn 创建主要区域

（1）DNS 服务器的主配置文件有 /etc/named.conf 文件（全局配置文件）、/etc/named.rfc1912.zones 文件（区域配置文件）和 /var/named/name.localhost 文件（区域数据配置模板文件）。

首先需要打开全局配置文件进行全局配置，修改监听范围为"any"，允许客户端查询的范围修改为"any"，注释 dnssec-validation yes、listen-on-v6 port 53 两个配置项，配置命令如下：

```
[root@DNS ~]# vim /etc/named.conf
//
// named.conf
//
// Provided by Red Hat bind package to configure the ISC BIND named(8) DNS
// server as a caching only nameserver (as a localhost DNS resolver only).
//
// See /usr/share/doc/bind*/sample/ for example named configuration files.
//

options {
      listen-on port 53 { any; };         //IPv4 监听端口
      // listen-on-v6 port 53 { ::1; };
      directory     "/var/named";
      allow-query    { any; };       // 允许解析范围
// dnssec-validation yes;
}
```

（2）在区域配置文件"/etc/named.rfc1912.zones"内的末行定义域名和该区域配置文件的名称，由于在全局配置文件内已经定义了区域数据文件保存的位置，所以在访问全局配置文件时会自动查找区域配置文件，配置命令如下：

```
[root@DNS ~]# vim /etc/named.rfc1912.zones
zone "jan16.cn" IN {
      type master;
      file "jan16.cn.zone";
      allow-update { none; };
};
```

## 3. 为北京总部主 DNS 服务器注册域名

（1）在北京总部的主 DNS 服务器上复制区域数据配置模板文件。复制 /var/named/named.localhost 文件并修改名称为 jan16.cn.zone，即刚才在区域配置文件内填写的文件名称。由于区域配置文件的所属用户是 root，所属组是 named，所以为确保 named 用户可以访问该文件，在复制时需要加"-p"参数，以使 DNS 服务正常运行，配置命令如下：

```
[root@DNS ~]# cp -p /var/named/named.localhost /var/named/jan16.cn.zone
```

（2）修改"jan16.cn.zone"文件内的参数。DNS 服务器的域名为 dns.jane6.cn，IP 地址为 192.168.1.1/24，Web 服务器的域名为 web.jan16.cn，IP 地址为 192.168.1.10，配置命令如下：

```
[root@DNS ~]# vim /var/named/jan16.cn.zone
$TTL 1D
@       IN SOA   @ root.jan16.cn. (
                                        0       ; serial
                                        1D      ; refresh
                                        1H      ; retry
                                        1W      ; expire
                                        3H )    ; minimum
        NS      dns.jan16.cn.
dns     A       192.168.1.1
web     A       192.168.1.10
```

（3）使用"named"命令检查配置文件是否正确，配置命令如下：

```
[root@DNS ~]# named-checkconf /etc/named.conf
[root@DNS ~]# named-checkconf /etc/named.rfc1912.zones
[root@DNS ~]# named-checkzone jan16.cn /var/named/jan16.cn.zone
zone jan16.cn/IN: loaded serial 0
OK
```

（4）重启 DNS 服务，查看服务的状态，配置命令如下：

```
[root@DNS ~]# systemctl restart named
[root@DNS ~]# systemctl status named
```

### 4. 为北京总部客户端配置 DNS 服务器地址

切换到客户端，修改 IP 地址为 192.168.1.20/24，修改主 DNS 服务器地址为 192.168.1.1，配置命令如下：

```
[root@ DNS-client ~]# nmcli connection modify ens37 ipv4.addresses 192.168.1.20/24 ipv4.dns 192.168.1.1
[root@ DNS-client ~]# nmcli connection up ens37

[root@ DNS-client ~]# cat /etc/resolv.conf
# Generated by NetworkManager
nameserver 192.168.1.1
```

### 任务验证

### 1. 测试 DNS 服务是否配置成功

在 DNS 服务器内检查服务监听的端口是否可以正常启动，代码如下：

```
[root@DNS ~]# ss -tnl | grep 53

LISTEN 0        10          192.168.1.1:53         0.0.0.0:*
LISTEN 0        10          127.0.0.1:53           0.0.0.0:*

LISTEN 0        10               [::1]:53             [::]:*
```

### 2. DNS 域名解析的测试

DNS 服务配置完成后，通常通过 "ping" "nslookup" "dig" 等命令对 DNS 域名解析进行测试。

（1）在客户端使用 "ping" 命令进行测试，若域名对应的主机存在，并且域名解析正确，则 "ping" 命令正确返回结果，代码如下：

```
[root@DNS-client ~]# ping dns.jan16.cn
PING dns.jan16.cn (192.168.1.1) 56(84) bytes of data.
64 bytes from 192.168.1.1 (192.168.1.1): icmp_seq=1 ttl=64 time=1.39 ms
64 bytes from 192.168.1.1 (192.168.1.1): icmp_seq=2 ttl=64 time=0.834 ms
64 bytes from 192.168.1.1 (192.168.1.1): icmp_seq=3 ttl=64 time=0.705 ms
64 bytes from 192.168.1.1 (192.168.1.1): icmp_seq=4 ttl=64 time=0.653 ms
[root@DNS-client ~]# ping web.jan16.cn
PING web.jan16.cn (192.168.1.10) 56(84) bytes of data.
64 bytes from 192.168.1.10 (192.168.1.10): icmp_seq=1 ttl=64 time=0.534 ms
64 bytes from 192.168.1.10 (192.168.1.10): icmp_seq=2 ttl=64 time=0.060 ms
64 bytes from 192.168.1.10 (192.168.1.10): icmp_seq=3 ttl=64 time=0.080 ms
64 bytes from 192.168.1.10 (192.168.1.10): icmp_seq=4 ttl=64 time=0.042 ms
```

（2）"nslookup" 命令是专门用于进行 DNS 测试的命令，在客户端执行 "nslookup dns. jan16.cn" 命令，由命令返回结果可以看出，DNS 服务器解析 "dns.jan16.cn" 对应的 IP 地址为 192.168.1.1，DNS 服务器解析 "web.jan16.cn" 对应的 IP 地址为 192.168.1.10。

```
[root@DNS-clientt ~]# nslookup
> web.jan16.cn
Server:         192.168.1.1
Address:        192.168.1.1#53

Name:   web.jan16.cn
Address: 192.168.1.10
> dns.jan16.cn
Server:         192.168.1.1
Address:        192.168.1.1#53

Name:   dns.jan16.cn
Address: 192.168.1.1
> exit
```

# 任务 8-2　部署广州分部的委派 DNS 服务器

🎋 **任务规划**

扫一扫

**微课：**部署子公司 DNS 委派服务器

广州分部是一个相对独立运营的实体，它希望能更加便捷地管理自己的 DNS，为此，广州分部已准备好一台安装了 openEuler 操作系统的服务器。北京总部与广州分部的网络拓扑如图 8-5 所示。

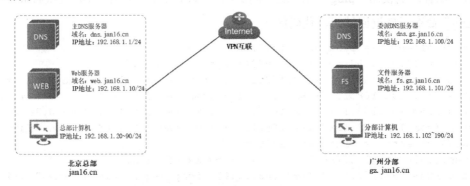

**图 8-5　北京总部与广州分部的网络拓扑**

Jan16 公司要求网络管理员为广州分部部署 DNS 服务，实现客户端基于域名访问公司各网站。广州分部域名、IP 地址和服务器的映射关系如表 8-8 所示。

**表 8-8　广州分部域名、IP 地址和服务器的映射关系**

| 服　务　器 | 计算机名称 | IP 地址 | 域　　名 | 位　　置 |
|---|---|---|---|---|
| 委派 DNS 服务器 | GZDNS | 192.168.1.100/24 | dns.gz.jan16.cn | 广州分部 |
| 文件服务器 | FS | 192.168.1.101/24 | fs.gz.jan16.cn | 广州分部 |

公司如果在多个区域办公，本地部署的 DNS 服务器将提高本地客户端解析域名的速度。在广州分部部署委派 DNS 服务器，可以将子域的域名管理委托给下一级 DNS 服务器，这样有利于减轻主 DNS 服务器的负担，并为子域名的管理带来便捷。委派 DNS 服务器常用于子公司或分公司等场景。

想要在广州分部部署委派 DNS 服务器，可以通过以下步骤来完成。

（1）在北京总部的主 DNS 服务器上创建委派区域 gz.jan16.cn。

（2）在广州分部的 DNS 服务器上创建主要区域 gz.jan16.cn，并注册分部 DNS 服务器的域名。

（3）在广州分部的 DNS 服务器上创建 jan16.cn 的辅助 DNS 服务器。

（4）为广州分部客户端配置 DNS 服务器地址。

**任务实施**

### 1. 在北京总部的主 DNS 服务器上创建委派区域 gz.jan16.cn

（1）配置主 DNS 服务器的全局配置文件，将监听的网段和控制访问都设置为"any"，注释 dnssec-validation、dnssec-enable、include "/etc/named.root.key" 三个配置项，配置命令如下：

```
[root@DNS ~]# vim /etc/named.conf          // 编辑全局配置文件
        listen-on port 53 { any; };        //IPv4 监听范围
        allow-query    { any; };            // 允许查询的客户端范围
//      dnssec-enable yes;
//      dnssec-validation yes;
//      include "/etc/named.root.key";
```

（2）在区域配置文件内委派区域 gz，新增 NS 记录，指定在当前区域内的 DNS 服务器，配置命令如下：

```
[root@DNS ~]# vim /var/named/jan16.cn.zone
$TTL 1D
@     IN SOA    @ root.jan16.cn. (
                  0        ; serial
                  1D       ; refresh
                  1H       ; retry
                  1W       ; expire
                  3H )     ; minimum
        NS        dns.jan16.cn.
dns     A         192.168.1.1
web     A         192.168.1.10
gz      NS        dns.gz.jan16.cn.
dns.gz  A         192.168.1.100
```

（3）重启 named 服务，查看服务的状态，配置命令如下：

```
[root@DNS ~]# systemctl restart named
[root@DNS ~]# systemctl status named
```

### 2. 在广州分部的 DNS 服务器上创建主要区域 gz.jan16.cn，并注册分部 DNS 服务器的域名

（1）配置委派 DNS 服务器的 IP 地址，修改默认的 DNS 服务器地址为 192.168.1.1，并查看 "/etc/resolv.conf" 文件，配置命令如下：

```
[root@GZ-DNS ~]# nmcli connection modify ens37 ipv4.addresses
192.168.1.100/24 ipv4.dns 192.168.1.1
[root@GZ-DNS ~]# nmcli connection up ens37
[root@GZgz-DNS ~]# cat /etc/resolv.conf
# Generated by NetworkManager
nameserver 192.168.1.1
```

（2）在委派 DNS 服务器上配置 DNS 服务，使用"yum"命令下载和安装包。需要安装的包为 bind、bind-chroot 和 bind-utils，在下载完成后，使用"rpm"命令查看是否已安装，配置命令如下：

```
[root@GZ-DNS ~]# yum -y install bind bind-chroot bind-utils
[root@GZ-DNS ~]# rpm -qa | grep bind
bind-export-libs-9.11.21-12.oe1.x86_64
bind-9.11.21-12.oe1.x86_64
rpcbind-1.2.5-2.oe1.x86_64
bind-libs-9.11.21-12.oe1.x86_64
python3-bind-9.11.21-12.oe1.noarch
bind-utils-9.11.21-12.oe1.x86_64
bind-chroot-9.11.21-12.oe1.x86_64
bind-libs-lite-9.11.21-12.oe1.x86_64
```

（3）在 DNS 服务配置完成后，在委派 DNS 服务器上启动 DNS 服务，并设置为开机自启动，配置命令如下：

```
[root@GZ-DNS ~]# systemctl start named
[root@GZ-DNS ~]# systemctl enable named
```

（4）随后在委派 DNS 服务器上打开 DNS 服务器的全局配置文件进行全局配置，将监听范围修改为"any"，客户端访问限制访问修改为"any"，配置命令如下：

```
[root@GZ-DNS ~]# vim /etc/named.conf
## 省略显示部分内容 ##
options {
    listen-on port 53 { any; };
    listen-on-v6 port 53 { ::1; };
    directory       "/var/named";
    dump-file       "/var/named/data/cache_dump.db";
    statistics-file "/var/named/data/named_stats.txt";
    memstatistics-file "/var/named/data/named_mem_stats.txt";
    secroots-file   "/var/named/data/named.secroots";
    recursing-file  "/var/named/data/named.recursing";
    allow-query     { any; };
```

（5）在委派 DNS 服务器的区域配置文件内的末行定义域名和该区域配置文件的名称，由于在全局配置文件内已经定义了区域数据文件保存的位置，因此在访问全局配置文件时会自动查找区域配置文件，配置命令如下：

```
[root@GZ-DNS ~]# vim /etc/named.rfc1912.zones
zone "gz.jan16.cn" IN {
        type master;
        file "gz.jan16.cn.zone";
        allow-update { none; };
};
```

（6）复制区域数据配置模板文件"/var/named/named.localhost"，将其名称修改为"gz.jan16.cn.zone"，即在区域配置文件内填写的文件名称。需要注意的是，由于区域配置文件的组为 root 所有，所以在复制时需要加参数 "-p"，确保 named 用户可以访问该文件，以使 DNS 服务正常启动，配置命令如下：

```
[root@GZ-DNS ~]# cd /var/named/
[root@GZ-DNS named]# cp -p named.localhost gz.jan16.cn.zone
```

（7）修改 "/var/named/gz.jan16.cn.zone" 文件内的参数。DNS 服务器的域名为 dns.gz.jan6.cn，IP 地址为 192.168.1.100，文件服务器的域名为 fs.gz.jan16.cn，IP 地址为 192.168.1.101，配置命令如下：

```
[root@gz-DNS ~]# cat /var/named/gz.jan16.cn.zone
$TTL 1D
@       IN SOA @ root.jan16.cn. (
                                0       ; serial
                                1D      ; refresh
                                1H      ; retry
                                1W      ; expire
                                3H )    ; minimum NS    dns.gz.jan16.cn.
dns     A       192.168.1.100
fs      A       192.168.1.101
```

（8）使用 "named" 命令检查配置文件是否正确，配置命令如下：

```
[root@GZ-DNS ~]# named-checkconf /etc/named.conf
[root@GZ-DNS ~]# named-checkconf /etc/named.rfc1912.zones
[root@GZ-DNS ~]# named-checkzone gz.jan16.cn /var/named/gz.jan16.cn.zone
zone gz.jan16.cn/IN: loaded serial 0
OK
```

（9）重启委派 DNS 服务器上的 DNS 服务，并查看服务的状态，配置命令如下：

```
[root@GZ-DNS ~]# systemctl restart named
[root@GZ-DNS ~]# systemctl status named
```

（10）切换到北京总部的客户端，修改网卡的 DNS 服务器地址为 192.168.1.1，配置命令如下：

```
[root@PC1 ~]# nmcli connection modify ens37 ipv4.dns 192.168.1.1
[root@PC1 ~]# nmcli connection up ens37
Connection successfully activated (D-Bus active path: /org/freedesktop/
NetworkManager/ActiveConnection/4)
[root@PC1 ~]# cat /etc/resolv.conf
# Generated by NetworkManager
nameserver 192.168.1.1
```

（11）使用 "vim" 命令修改 "/etc/reslov.conf" 文件，北京总部客户端的首选 DNS 服务器地址为 192.168.1.1，备选的 DNS 服务器地址为 192.168.1.100，配置命令如下：

```
[root@PC1 ~]# vim /etc/resolv.conf
# Generated by NetworkManager
nameserver 192.168.1.1
nameserver 192.168.1.100
```

### 3. 在广州分部的 DNS 服务器上创建 jan16.cn 的辅助 DNS 服务器

广州分部的客户端在解析北京总部的域名时，因为距离的原因往往响应时间较长，考虑到广州分部也部署了 DNS 服务器，通常管理员也会在广州分部的 DNS 服务器上创建公司其他区域的辅助 DNS 服务器，这样广州分部的客户端在解析其他区域的域名时，能有效地缩短域名解析时间。

在广州分部地 DNS 服务器上创建北京总部的辅助 DNS 服务器的步骤如下。

（1）由于在广州分部配置了委派 DNS，所以不需要再安装 DNS 服务。

（2）修改广州分部 DNS 服务器的配置区域文件，在文件末行添加辅助区域，并且指定从主 DNS 服务器上复制过来的正向区域文件的保存位置，指定主 DNS 服务器的 IP 地址，配置命令如下：

```
[root@GZ-DNS ~]# vim /etc/named.rfc1912.zones
zone "jan16.cn" IN {
        type slave;
        file "slaves/jan16.cn.zone";
        masters { 192.168.1.1; };
};
```

（3）在委派 DNS 服务器上使用"named"命令检查配置文件的配置是否正确，配置命令如下：

```
[root@GZ-DNS ~]# named-checkconf /etc/named.rfc1912.zones
```

（4）重启 DNS 服务，并查看服务的状态，配置命令如下：

```
[root@GZ-DNS ~]# systemctl restart named
[root@GZ-DNS ~]# systemctl status named
```

### 4. 为广州分部的客户端配置 DNS 服务器地址

广州分部和北京总部均部署了 DNS 服务器地址，原则上广州分部的客户端可以通过任意一个 DNS 服务器来解析域名，但为了缩短域名解析的响应时间，在为客户端配置 DNS 服务器地址时将考虑以下因素。

（1）依据就近原则，首选 DNS 服务器地址指向最近的 DNS 服务器。

（2）依据备份原则，备选 DNS 服务器地址指向企业的根域 DNS 服务器。

因此，广州分部的客户端需要将首选 DNS 服务器地址设置为广州分部 DNS 服务器地址，备选 DNS 服务器地址设置为北京总部 DNS 服务器地址。

**任务验证**

### 1. 测试 DNS 服务是否配置成功

在委派 DNS 服务器内检查服务监听的端口是否可以正常启动，代码如下：

```
[root@GZ-DNS ~]# ss -tnl | grep 53
LISTEN 0        10              192.168.1.100:53             0.0.0.0:*
LISTEN 0        10              192.168.238.128:53           0.0.0.0:*
LISTEN 0        10              127.0.0.1:53                 0.0.0.0:*
LISTEN 0        10              [::1]:53                     [::]:*
```

### 2. DNS 域名解析的测试

DNS 服务配置完成后，通常使用 "ping" "nslookup" 等命令对 DNS 域名解析进行测试。

（1）在客户端使用 "ping" 命令进行测试，若域名对应的主机存在，则 "ping" 命令返回正确结果，代码如下：

```
[root@PC1 ~]# ping dns.gz.jan16.cn
PING dns.gz.jan16.cn (192.168.1.100) 56(84) bytes of data.
64 bytes from 192.168.1.100 (192.168.1.100): icmp_seq=1 ttl=64 time=2.14 ms
64 bytes from 192.168.1.100 (192.168.1.100): icmp_seq=2 ttl=64 time=0.720 ms
64 bytes from 192.168.1.100 (192.168.1.100): icmp_seq=3 ttl=64 time=1.82 ms
[root@PC1 ~]# ping fs.gz.jan16.cn
PING fs.gz.jan16.cn (192.168.1.101) 56(84) bytes of data.
64 bytes from 192.168.1.101 (192.168.1.101): icmp_seq=1 ttl=64 time=1.05 ms
64 bytes from 192.168.1.101 (192.168.1.101): icmp_seq=2 ttl=64 time=0.681 ms
64 bytes from 192.168.1.101 (192.168.1.101): icmp_seq=3 ttl=64 time=0.785 ms
```

（2）"nslookup" 命令是专门用于 DNS 域名解析测试的命令，在客户端上执行 "nslookup dns.gz.jan16.cn" 命令，由返回结果可以看出，DNS 服务器解析 "dns.gz.jan16.cn" 对应的 IP 地址为 192.168.1.100，DNS 服务器解析 "fs.gz.jan16.cn" 对应的 IP 地址为 192.168.1.101，代码如下：

```
[root@PC1 ~]# nslookup
> dns.gz.jan16.cn
Server:         192.168.1.1
Address:        192.168.1.1#53

Non-authoritative answer:
Name:   dns.gz.jan16.cn
Address: 192.168.1.100
> fs.gz.jan16.cn
Server:         192.168.1.1
Address:        192.168.1.1#53

Non-authoritative answer:
Name:   fs.gz.jan16.cn
```

```
Address: 192.168.1.101
```

完成域名解析后，可以看到以提示信息形式显示的非权威回答，证明配置已经成功，是由委派 DNS 服务器给出的回复。

（3）验证辅助 DNS 服务器的配置结果，在委派 DNS 服务器内切换到 "/var/named/slaves" 目录下，查看是否成功从主 DNS 服务器上复制了区域配置文件，代码如下：

```
[root@GZ-DNS ~]# ll  /var/named/slaves/
总用量 4.0k
-rw-r--r--. 1 named named 322 12 月 28 09:35 jan16.cn.zone
```

# 任务 8-3　部署香港办事处的辅助 DNS 服务器

扫一扫

微课：实现香港办事处辅助 DNS 服务器的部署

**任务规划**

为加快域名解析速度，香港办事处已准备好一台安装了 openEuler 操作系统的服务器，以部署公司的辅助 DNS 服务，公司网络拓扑如图 8-6 所示。

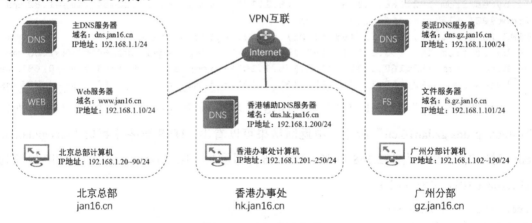

图 8-6　公司网络拓扑

香港办事处若想通过本地域名解析快速访问公司资源，则其 DNS 服务器必须拥有全公司所有的域名数据。Jan16 公司的域名数据保存在北京总部和广州分部两台 DNS 服务器中，因此香港办事处的辅助 DNS 服务器必须复制北京总部和广州分部两台 DNS 服务器上的数据，这样才能实现香港办事处计算机域名的快速解析，从而提高对公司网络资源的访问效率。

要在香港办事处部署辅助 DNS 服务器，可以通过以下步骤来完成。

（1）配置辅助 DNS 服务器地址。

（2）配置 DNS 服务。

（3）在香港办事处的辅助 DNS 服务器上创建北京总部和广州分部的 DNS 辅助区域。

## 任务实施

### 1. 配置辅助 DNS 服务器地址

使用"nmcli"命令配置辅助 DNS 服务器地址为 192.168.1.200/24，并查看 IP 地址是否正确配置，配置命令如下：

```
[root@HK-DNS ~]# nmcli connection modify ens37 ipv4.addresses 192.168.1.200/24
ipv4.method manual
[root@HK-DNS ~]# nmcli connection up ens37

[root@HK-DNS ~]# ip address show ens37
3: ens37: <BROADCAST,MULTICAST,UP,LOWER_UP> mtu 1500 qdisc fq_codel state UP
group default qlen 1000
    link/ether 00:0c:29:9b:94:31 brd ff:ff:ff:ff:ff:ff
    inet 192.168.1.200/24 brd 192.168.1.255 scope global noprefixroute ens37
       valid_lft forever preferred_lft forever
    inet6 fe80::713b:46cd:8206:fde/64 scope link noprefixroute
       valid_lft forever preferred_lft forever
```

### 2. 配置 DNS 服务

（1）配置 DNS 服务，使用"yum"命令下载与安装软件包。需要安装的包为 bind、bind-chroot 和 bind-utils，下载完成后，使用"rpm"命令查看软件包是否已安装，配置命令如下：

```
[root@HK-DNS ~]# yum -y install bind bind-chroot bind-utils
[root@HK-DNS ~]# rpm -qa | grep bind
bind-export-libs-9.11.21-12.oe1.x86_64
bind-9.11.21-12.oe1.x86_64
rpcbind-1.2.5-2.oe1.x86_64
bind-libs-9.11.21-12.oe1.x86_64
python3-bind-9.11.21-12.oe1.noarch
bind-utils-9.11.21-12.oe1.x86_64
bind-chroot-9.11.21-12.oe1.x86_64
bind-libs-lite-9.11.21-12.oe1.x86_64
```

（2）DNS 服务配置完成后，在香港办事处的辅助 DNS 服务器上启动服务并设置为开机自启动，查看服务的状态，配置命令如下：

```
[root@HK-DNS ~]# systemctl start named
[root@HK-DNS ~]# systemctl enable named
[root@HK-DNS ~]# systemctl status named
```

**3．在香港办事处的辅助 DNS 服务器上创建北京总部和广州分部的 DNS 辅助区域**

（1）修改香港办事处的辅助 DNS 服务器的全局配置文件，将监听的网段和客户端控制访问都设置为"any"，注释 dnssec-validation yes、dnssec-enable yes 和 include "/etc/named.root.key" 3 个选项，配置命令如下：

```
[root@HK-DNS ~]# vim /etc/named.conf        // 编辑全局配置文件
        listen-on port 53 { any; };         // 将 127.0.0.1 改为 any
        allow-query    { any; };            // 将 localhost 改为 any
//      dnssec-enable yes;                  // 对以下三行进行注释
//      dnssec-validation yes;
//      include "/etc/named.root.key";
```

（2）修改香港办事处的辅助 DNS 服务器的区域配置文件，在文件末行添加辅助区域，指定从主 DNS 服务器和委派 DNS 服务器上复制过来的正向区域文件的保存位置，指定主 DNS 服务器和委派 DNS 服务器的地址，配置命令如下：

```
[root@HK-DNS ~]# vim /etc/named.rfc1912.zones
zone "jan16.cn" IN {
        type slave;
        file "slaves/jan16.cn.zone";
        masters { 192.168.1.1; };
};

zone "gz.jan16.cn" IN {
        type slave;
        file "slaves/gz.jan16.cn.zone";
        masters { 192.168.1.100; };
};
```

（3）完成配置后，在香港办事处的辅助 DNS 服务器上检查配置文件语法是否正确，并重启 DNS 服务，查看服务的状态，配置命令如下：

```
[root@HK-DNS ~]# named-checkconf /etc/named.rfc1912.zones
[root@HK-DNS ~]# systemctl restart named
[root@HK-DNS ~]# systemctl status named
```

**任务验证**

（1）查看香港办事处的 DNS 服务器"/var/name/slaves"目录下是否成功复制到了主 DNS 服务器和委派 DNS 服务器的区域配置文件，代码如下：

```
[root@HK-DNS ~]# cd /var/named/slaves/
[root@HK-DNS slaves]# ll
总用量 8.0K
-rw-r--r--. 1 named named 244 3月 28 09:46 gz.jan16.cn.zone
-rw-r--r--. 1 named named 322 3月 28 09:46 jan16.cn.zone
```

（2）验证香港办事处的辅助 DNS 服务器上北京总部的辅助区域是否正确。将香港办事处客户端的首选 DNS 服务器地址指向香港办事处的 DNS 服务器地址，通过"nslookup"命令可以解析 Web 服务器的地址，代码如下：

```
[root@PC1 ~]# nmcli connection modify ens37 ipv4.dns 192.168.1.200
[root@PC1 ~]# nmcli connection up ens37

[root@PC1 ~]# cat /etc/resolv.conf
# Generated by NetworkManager
nameserver 192.168.1.200
[root@PC1 ~]# nslookup
> web.jan16.cn
Server:          192.168.1.200
Address:         192.168.1.200#53

Name:    web.jan16.cn
    Address: 192.168.1.10
```

（3）验证香港办事处的辅助 DNS 服务器上广州分部的辅助区域是否正确。将香港办事处客户端的首选 DNS 服务器地址指向香港办事处的 DNS 服务器地址，通过"nslookup"命令可以解析文件服务器的地址，代码如下：

```
[root@PC1 ~]# nmcli connection modify ens37 ipv4.dns 192.168.1.200
[root@PC1 ~]# nmcli connection up ens37
[root@PC1 ~]# cat /etc/resolv.conf
# Generated by NetworkManager
nameserver 192.168.1.200
[root@PC1 ~]# nslookup
> fs.gz.jan16.cn
Server:          192.168.1.200
Address:         192.168.1.200#53

Name:    fs.gz.jan16.cn
Address: 192.168.1.101
```

# 任务 8-4　DNS 服务器的管理

## 任务规划

Jan16 公司使用 DNS 服务器一段时间后，公司内计算机和服务器的访问效率有了明显提高。Jan16 将 DNS 服务作为基础服务纳入日程管理，希望能定期对 DNS 服务器进行有效的管理与维护，以保障 DNS 服务器的稳定运行。

通过对 DNS 服务器实施递归管理、地址清理、备份等操作可以实现 DNS 服务器的高效运行，常见的工作任务有以下几个。

（1）停止或启动 DNS 服务。

（2）设置 DNS 服务器的工作 IP 地址。

（3）配置 DNS 服务器的递归查询。

（4）DNS 服务的备份与还原。

## 任务实施

### 1．停止或启动 DNS 服务

使用"systemctl"命令停止或启动 DNS 服务并查看服务的状态，配置命令如下：

```
[root@DNS ~]# systemctl stop named      ## 停止 DNS 服务
[root@DNS ~]# systemctl start named     ## 启动 DNS 服务
[root@DNS ~]# systemctl status named    ## 查看 DNS 服务状态
```

### 2．设置 DNS 服务器的工作 IP 地址

如果 DNS 服务器本身拥有多个 IP 地址，那么 DNS 服务器可以工作在多个 IP 地址上。考虑到以下原因，通常会为 DNS 服务器指定工作 IP 地址。

（1）为方便客户端配置 TCP/IP 的 DNS 服务器地址，仅提供一个固定的 DNS 服务器工作 IP 地址作为客户端的 DNS 服务器地址。

（2）考虑到安全问题，DNS 服务器通常仅开放其中一个 IP 地址对外提供服务。

设置 DNS 服务器的工作 IP 地址时可在 DNS 服务器中的限制其只侦听选定的 IP 地址，具体操作过程如下。

在 DNS 服务器的全局配置文件上修改"listen-on port"选项，不需要修改端口号，只需要修改后面的参数。参数默认为 127.0.0.1，从这个回环地址上是监听不到任何客户端请求的，这里需要改成 DNS 服务器的静态 IP 地址，如"listen-on port 53 {192.168.1.1; }。限制 DNS 服务器侦听 IP 地址设置如图 8-7 所示。

```
options {
        listen-on port 53 { 192.168.1.1; };
        listen-on-v6 port 53 { ::1; };
        directory       "/var/named";
        dump-file       "/var/named/data/cache_dump.db";
        statistics-file "/var/named/data/named_stats.txt";
        memstatistics-file "/var/named/data/named_mem_stats.txt";
        secroots-file   "/var/named/data/named.secroots";
        recursing-file  "/var/named/data/named.recursing";
        allow-query     { any; };
```

**图 8-7　限制 DNS 服务器侦听 IP 地址设置**

### 3. 配置 DNS 服务器的递归查询

递归查询是指 DNS 服务器在接收到一个本地数据库不存在的域名解析请求时，该 DNS 服务器会根据转发器指向的 DNS 服务器代为查询该域名，待获得域名解析结果后再将该解析结果转发给请求客户端。在此操作过程中，DNS 客户端并不知道 DNS 服务器执行了递归查询。

在默认情况下，DNS 服务器启用了递归查询功能。DNS 服务器接收到大量本地不能解析的域名请求时会相应产生大量的递归查询，这会占用 DNS 服务器大量的资源。基于此原理，网络攻击者可以使用递归查询功能实现"拒绝 DNS 服务器服务"攻击。

因此，如果网络中的 DNS 服务器不准备进行递归查询，则应在该服务器上禁用递归查询功能。禁用 DNS 服务器的递归查询功能的步骤如下。

修改 DNS 服务器内的"recursion"选项，该选项默认为"yes"，即允许递归查询，将"yes"修改为"no"即可，如图 8-8 所示。

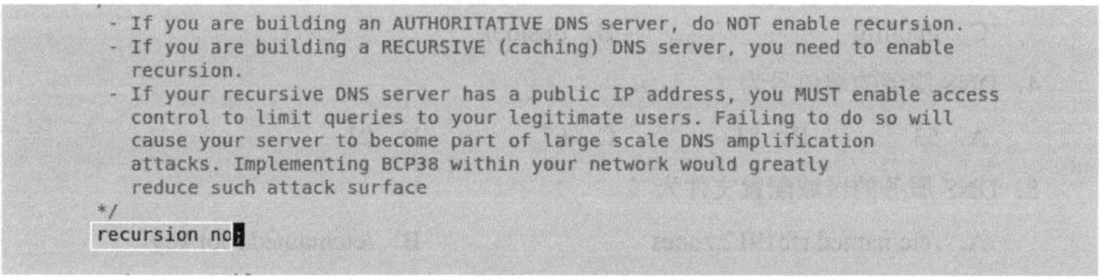

```
        - If you are building an AUTHORITATIVE DNS server, do NOT enable recursion.
        - If you are building a RECURSIVE (caching) DNS server, you need to enable
          recursion.
        - If your recursive DNS server has a public IP address, you MUST enable access
          control to limit queries to your legitimate users. Failing to do so will
          cause your server to become part of large scale DNS amplification
          attacks. Implementing BCP38 within your network would greatly
          reduce such attack surface
    */
    recursion no;
```

**图 8-8　在 DNS 服务器上禁用递归查询功能**

### 4. DNS 服务的备份与还原

系统管理员要备份 DNS 服务，需要将这些文件导出并备份到指定位置。DNS 服务的备份步骤如下。

创建定时任务，每周日备份 DNS 服务的 3 个主要的配置文件，备份时文件名后添加当前的时间，备份保存的位置为"/backup/dns"，代码如下：

```
[root@DNS named]# crontab -e
crontab: installing new crontab
* * * * 0 /usr/bin/mkdir -p /backup/dns/$(date +\%Y\%m\%d)
* * * * 0 /usr/bin/cp -a /etc/named.conf /etc/named.rfc1912.zones /var/
named/*.zone /backup/dns/$(date +\%Y\%m\%d)
[root@DNS named]# crontab -l
* * * * 0 /usr/bin/mkdir -p /backup/dns/$(date +\%Y\%m\%d)
* * * * 0 /usr/bin/cp -a /etc/named.conf /etc/named.rfc1912.zones /var/
named/*.zone /backup/dns/$(date +\%Y\%m\%d)
```

## 练 习 与 实 践

一、理论题

1. DNS 服务的配置文件是（　　　）。

    A．/etc/named.conf        B．/etc/named

    C．/var/named          D．/var/named/slaves

2. openEuler 操作系统中的 DNS 功能是通过（　　　）服务实现的。

    A．host     B．hosts     C．bind     D．vsftpd

3. 在 openEuler 操作系统中，可以完成主机名与 IP 地址的正向解析和反向解析任务的命令是（　　　）。

    A．nslookup        B．arp

    C．ifconfig         D．dnslook

4. DNS 服务的端口号为（　　　）。

    A．53     B．81     C．67     D．21

5. DNS 服务的区域配置文件为（　　　）。

    A．/etc/named.rfc1912.zones        B．/etc/named.root.key

    C．/etc/named.conf          D．/etc/named/

6. 将计算机的 IP 地址解析为域名的过程称为（　　　）。

    A．正向解析        B．反向解析

    C．向上解析        D．向下解析

7. 根据 DNS 服务器对 DNS 客户端的不同响应方式，域名解析可分为（　　　）两种类型？

    A．递归查询和迭代查询

    B．递归查询和重叠查询

    C．迭代查询和重叠查询

    D．正向查询和反向查询

8. 当客户端向 DNS 服务器发出解析请求时，DNS 服务器会向客户端返回两种结果：查询到的结果或查询失败。如果当前 DNS 服务器无法解析域名，它不会告知客户端，而会自行向其他 DNS 服务器查询并完成解析，这个过程称为（　　　）。

    A．递归查询        B．迭代查询

    C．正向查询        D．反向查询

二、项目实训题

1．项目背景

Jan16 公司需要部署信息中心、生产部和业务部的 DNS。根据 Jan16 公司的网络规划，划分 3 个网络地址分别为 172.20.1.0/24、172.21.1.0/24 和 172.22.1.0/24。Jan16 公司的网络拓扑如图 8-9 所示。

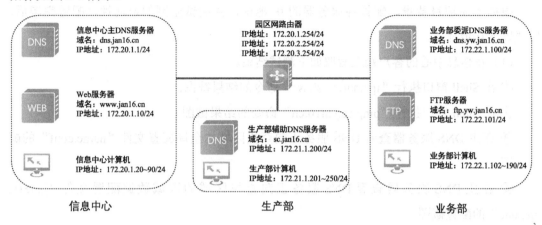

**图 8-9　Jan16 公司的网络拓扑**

Jan16 公司根据业务需要，在园区的各个部门部署了相应的服务器，要求网络管理员按以下要求完成实施与调试工作。

（1）信息中心部署了公司的主 DNS 服务器和 Web 服务器。信息中心域名、IP 地址和服务器的映射关系如表 8-9 所示。

**表 8-9　信息中心域名、IP 地址和服务器的映射关系**

| 服 务 器 | 计算机名称 | IP 地址 | 域 名 | 位 置 |
| --- | --- | --- | --- | --- |
| 主 DNS 服务器 | DNS | 172.20.1.1/24 | dns.jan16.cn | 信息中心 |
| Web 服务器 | WEB | 172.20.1.10/24 | www.jan16.cn | 信息中心 |

（2）业务部部署了公司的委派 DNS 服务器和 FTP 服务器。业务部域名、IP 地址和服务器的映射关系如表 8-10 所示。

**表 8-10　业务部域名、IP 地址和服务器的映射关系**

| 服 务 器 | 计算机名称 | IP 地址 | 域 名 | 位 置 |
| --- | --- | --- | --- | --- |
| 委派 DNS 服务器 | YWDNS | 172.22.1.100/24 | dns.yw.jan16.cn | 业务部 |
| FTP 服务器 | FTP | 172.22.1.101/24 | ftp.yw.jan16.cn | 业务部 |

（3）生产部部署了公司的辅助 DNS 服务器和 DHCP 服务器。生产部域名、IP 地址和服务器的映射关系如表 8-11 所示。

信创服务器操作系统的配置与管理（openEuler 版）

表 8-11　生产部域名、IP 地址和服务器的映射关系

| 服 务 器 | 计算机名称 | IP 地址 | 域　　名 | 位　　置 |
|---|---|---|---|---|
| 辅助 DNS 服务器 | SCDNS | 172.21.1.200/24 | sc.jan16.cn | 生产部 |

为保证 DNS 服务器的数据安全，仅允许公司内部 DNS 服务器之间复制数据。

2．项目要求

根据上述项目背景，配置各服务器的 IP 地址，并测试全网的连通性，配置完毕后，完成以下几步测试。

（1）在信息中心的客户端上截取如下测试结果。

① 在 Shell 窗口执行"ip address show"命令的结果截图。

② 在 Shell 窗口执行"ping sc.jan16.cn"命令的结果截图。

③ 在主 DNS 服务器查看 DNS 服务正向查找区域的全局配置文件"name.conf"的配置截图。

④ 在主 DNS 服务器查看 DNS 服务正向查找区域的区域数据配置文件"jane16.cn.zone"的配置截图。

⑤ 在主 DNS 服务器查看 DNS 服务区域配置文件"named.rfc1912.zone"的配置截图。

（2）在生产部的客户端上截取如下测试结果。

① 在客户端上执行"ip address show"命令结果的截图。

② 在客户端上执行"ping ftp.jan16.cn"命令结果的截图。

③ 在辅助 DNS 服务器上查看 DNS 服务区域配置文件 named.rfc1912.zone 的配置截图。

（3）在业务部的客户端上截取如下测试结果。

① 在客户端上执行"ip address show"命令的结果截图。

② 在客户端上执行"ping www.jan16.cn"命令的结果截图。

③ 在委派 DNS 服务器上查看 DNS 服务区域数据配置文件的配置截图。

④ 在委派 DNS 服务器上查看 DNS 服务区域配置文件的配置截图。

# 项目 9　部署企业的 Web 服务

## 学习目标

（1）了解 Web 服务、URL、Apache 的概念与相关知识。

（2）掌握 Web 服务器的工作原理。

（3）了解静态网站的发布与应用。

（4）掌握基于端口号、域名和 IP 地址等多种技术实现多站点发布的概念与应用。

（5）掌握企业网主流 Web 服务的部署流程。

## 项目描述

Jan16 公司有门户网站、人事管理系统和项目管理系统等服务系统。这些系统此前全部都由原系统开发商管理，随着公司规模的扩大和业务的发展，考虑到以上服务系统的访问效率和数据安全，Jan16 公司决定由信息中心负责将这些系统部署到公司内。Jan16 公司要求信息中心尽快将这些系统部署在新购置的一台安装了 openEuler 操作系统的服务器上，具体要求如下。

（1）公司门户网站为静态网站，访问地址为 192.168.1.1。

（2）公司人事管理系统为基于 IP 地址和端口的网站，访问地址为 192.168.1.1:8080。

（3）公司项目管理系统为基于 DNS 域名的网站，访问地址为 xiangmu.jan16.cn。

Jan16 公司网络拓扑如图 9-1 所示。

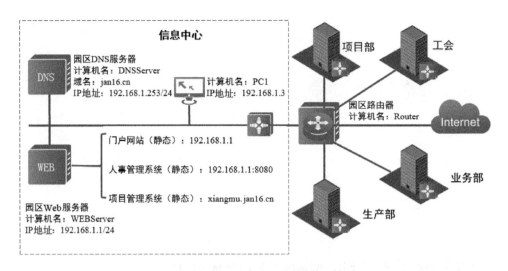

**图 9-1　Jan16 公司网络拓扑**

Jan16 公司 Web 站点要求如表 9-1 所示。

**表 9-1　Jan16 公司 Web 站点要求**

| 设备名称 | IP 地址 | 站点域名 | 默认站点目录 | 端　口 | 用　途 |
|---|---|---|---|---|---|
| WEBServer | 192.168.1.1 | — | /var/www/html/ | 80 | 门户网站 |
| | 192.168.1.1 | — | /var/www/8080 | 8080 | 人事管理系统 |
| | 192.168.1.1 | xiangmu.jan16.cn | /var/www/xiangmu | 80 | 项目管理系统 |

 项目分析

通过在 openEuler 操作系统上配置 Apache 服务，可实现 HTML 常见静态或动态网站的发布与管理。根据项目背景，本项目具体可以分解为以下几个工作任务。

（1）部署公司门户网站。

（2）基于 IP 地址和端口部署人事管理系统站点。

（3）基于 DNS 域名部署项目管理系统站点。

（4）基于 HTTPS 部署项目管理安全站点。

 相关知识

# 9.1　Web 服务简介

万维网（World Wide Web，WWW），简称 Web，是 Internet 上被广泛应用的信息服务技术。Web 采用的是客户端 / 服务器结构，整理和存储各种 Web 资源，并响应客户端软件的请求，把所需的信息资源通过浏览器传送给客户端。

Web 服务通常分为两种：静态 Web 服务和动态 Web 服务。

目前，最常用的动态网页语言有动态服务器页面（Active Server Pages，ASP/ASP.net）、超文本预处理语言（Hypertext Preprocessor，PHP）和 Java 服务器页面（Java Server Pages，JSP）三种。

ASP/ASP.net 是由微软公司开发的 Web 服务器端开发环境，利用它可以产生和执行动态的、互动的、高性能的 Web 服务应用程序。

PHP 是一种开源的服务器端脚本语言。PHP 大量地借用 C、Java 和 Perl 等语言的语法，并耦合自己的特性，使 Web 服务开发者能够快速写出动态页面。

JSP 是 Sun 公司推出的网站开发语言，它可以在 ServerLet 和 JavaBean 的支持下，搭建功能强大的 Web 站点程序。

Linux 操作系统支持 PHP 和 JSP 站点，但需要安装 PHP 和 JSP 服务安装包才能支持站点的搭建。ASP 站点一般部署在 Windows 服务器上。

# 9.2　URL 简介

统一资源定位符（Uniform Resource Locator，URL）也称为网页地址，用于标识网络资源的地址，其标准格式如下：

协议类型：// 主机名 [：端口号 ]/ 路径 / 文件名

URL 由协议类型、主机号、端口号等信息构成，各模块的简要描述如下。

### 1. 协议类型

协议类型用于标记资源的访问协议类型，常见的协议类型包括 HTTP、HTTPS、Gopher、FTP、Mailto、Telnet、File 等。

### 2. 主机名

主机名用于标记资源，可以是域名或 IP 地址，如 http://jan16.cn/index.asp 的主机名为"jan16.cn"。

### 3. 端口号

端口号用于标记目标服务器的访问端口号，端口号为可选项。如果没有填写端口号，则表示采用了协议默认的端口号，如 HTTP 默认的端口号为 80，FTP 默认的端口号为 21。

例如，"http://www.jan16.cn" 和 "http://www.jan16.cn:80" 的含义是相同的，因为 80 是 HTTP 默认的端口；"http://www.jan16.cn:8080" 和 "http://www.jan16.cn" 的含义是不同的，因为它们的端口号不同。

#### 4. 路径 / 文件名

路径 / 文件名用于指示服务器上某资源的位置，通常由"目录 / 子目录 / 文件名"这样的结构组成。

# 9.3 Apache 简介

Apache HTTP Server（简称 Apache）是 Apache 软件基金会的一个开放源代码的网页服务器软件，旨在为 UNIX、Windows 等操作系统提供开源 httpd 服务。因具有安全性、高效性及可扩展性，Apache 被广泛使用。Apache 快速、可靠且可通过简单的 API 扩充，可将 Perl、Python 等解释器编译到 httpd 的相关模块中。

Apache 支持许多特性，大部分通过编译的模块实现，这些特性包括服务器的编程语言支持、身份认证方案，通用的语言接口支持 Perl、Python、Tcl 和 PHP，流行的认证模块包括 mod_access、mod_auth 和 mod_digest，以及 SSL 和 TLS 支持（mod_ssl）、代理服务器（proxy）模块、URL 重写（mod_rewrite）、定制日志文件（mod_log_config）及过滤支持（mod_include 和 mod_ext_filter）等。

Apache 具有如下特点。

（1）Apache 支持最新的 HTTP/1.1。Apache 是最先使用 HTTP/1.1 的 Web 服务器之一，它完全兼容 HTTP/1.1 并向后兼容 HTTP/1.0。

（2）Apache 几乎可以在所有的计算机操作系统上运行，包括主流的 UNIX、Linux 及 Windows 操作系统。

（3）Apache 支持多种方式的 HTTP 认证。

（4）Apache 支持 Web 目录修改。用户可以使用特定的目录作为 Web 目录。

（5）Apache 支持虚拟主机服务。Apache 支持基于 IP 地址、主机名和端口号三种类型的虚拟主机服务。

（6）Apache 支持多进程。当负载增加时，服务器会快速生成子进程来进行处理，从而提高系统的响应能力。

# 9.4　Web 服务器的工作原理

Web 服务器的工作原理如下。

（1）用户通过浏览器访问网页，浏览器获取访问的网页上的事件。

（2）客户端通过浏览器与 Web 服务器建立 TCP 连接。

（3）浏览器将用户想要获取的事件按照 HTTP 格式打包成一个压缩包，其本质为在待发送缓冲区中加入一段 HTTP 格式的字节流。

（4）在成功建立 TCP 连接后，浏览器将数据报推送到网络中，最终提交给 Web 服务器。

（5）Web 服务器接收到数据报后，先以同样的格式进行解析，从而得出客户端所需要的资源，然后对其进行分类处理，或提供某一文件，或处理相关数据。

（6）将结果装入缓冲区，按照 HTTP 格式对数据进行打包，并对客户端发送应答报文，最终数据报被递交到客户端。

（7）客户端接收到数据报后，先以 HTTP 格式进行解包并解析数据，然后在浏览器中展示结果。

Web 服务器的本质就是接收数据、HTTP 解析、逻辑处理、HTTP 封包、发送数据。Web 服务器的工作原理如图 9-2 所示。

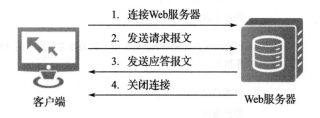

**图 9-2　Web 服务器的工作原理**

# 9.5　Apache 的常用文件及参数解析

Apache 被广泛应用于计算机平台，是最流行的 Web 服务器端软件之一。Apache 的 httpd 服务程序的主配置文件及保存位置如表 9-2 所示。

**表 9-2　Apache 的 httpd 服务程序的主配置文件及保存位置**

| 配 置 文 件 | 路　　径 |
| --- | --- |
| 服务目录 | /etc/httpd |
| 主配置文件 | /etc/httpd/conf/httpd.conf |
| 默认站点主目录 | /var/www/html |

续表

| 配 置 文 件 | 路　径 |
|---|---|
| 访问日志 | /var/log/httpd/access_log |
| 错误日志 | /var/log/httpd/error_log |

Apache 的全部配置信息都保存在主配置文件中，该文件不区分字母大小写，文件内绝大部分内容都是以 # 开头的注释。主配置文件包括以下三部分。

（1）全局环境配置（Global Enviroment Configuration）：决定 Apache 服务的全局参数。

（2）主服务器配置（Main Server Configuration）：相当于 Apache 服务中的默认站点。

（3）虚拟主机（Virtual Host）：与主服务器存在互斥的关系，在启用虚拟主机时，需要停用主服务器。

主配置文件的常用参数及其解析如表 9-3 所示。

表 9-3　主配置文件的常用参数及其解析

| 参　数 | 解　析 |
|---|---|
| ServerRoot | Apache 服务运行目录，通常包含子目录 /conf 和 /logs |
| Listen | 监听的端口 |
| User | 运行 Apache 服务的用户 |
| Group | 运行 Apache 服务的组 |
| ServerAdmin | 管理员邮箱 |
| DocumentRoot | 网站根目录 |
| <Directory /PATH><br>options<br></Directory> | <Directory>、</Directory> 用于封装指定目录下的文件指令和各自目录下的文件指令 |
| ErrorLog | 错误日志 |
| LogLevel | 警告级别 |
| CustomLog | 默认访问日志格式 |
| DirectoryIndex | 默认的索引文件 |
| Timeout | 网页超时时间 |
| Serveralias | 网站别名 |

对于可在主配置文件的 Directory 容器中设置 Apache 目录的权限，容器语句需要成对出现。在容器内有 Options、AllowOverride、Limit 等指令用于进行访问控制。Apache 目录访问控制参数及其解析和 Options 的常用参数及其解析如表 9-4、表 9-5 所示。

表 9-4　Apache 目录访问控制参数及其解析

| 访问控制参数 | 解　析 |
|---|---|
| Options | 设置特定目录中的服务器特性，具体参数的取值如表 9-5 所示 |
| AllowOverride | 设置访问控制文件 .htaccess |
| Order | 设置 Apache 默认的访问权限及 Allow、Deny 语句的处理顺序 |

续表

| 访问控制参数 | 解　析 |
| --- | --- |
| Allow | 设置允许访问 Apache 服务的主机 |
| Deny | 设置拒绝访问 Apache 服务的主机 |

表 9-5　Options 的常用参数及解析

| 参　数 | 解　析 |
| --- | --- |
| Indexes | 允许目录浏览，当访问的目录中没有 DirectoryIndex 参数指定的网页文件时，会列出目录清单 |
| Multiviews | 允许内容协商，可以根据浏览器提供的媒体类型、语言、字符集和编码调整资源表示 |
| All | 支持除 Multiviews 以外的所有参数，若没有 Options 语句，则默认为 All |
| ExecCGI | 允许在该目录下执行 CGI 脚本 |
| FollowSysmLinks | 允许在该目录下使用符号链接，以访问其他目录 |
| Includes | 允许服务器使用 SSL 技术 |
| IncludesNoExec | 允许服务器使用 SSL 技术，但禁止执行 CGI 脚本 |
| SymLinksIfOwnerMatch | 当目录文件与目录属于同一用户时支持使用符号链接 |

# 9.6　HTTPS 简介

HTTP 虽然使用极为广泛，但是却存在一定的安全隐患，主要包括数据的明文传送和缺乏消息完整性检测，这两点恰好是网络支付、网络交易等应用中在安全方面最需要关注的。

另外，HTTP 在传输客户端请求报文和服务器应答报文时，唯一的数据完整性检验就是在报文头部包含了本次传输数据的长度，而对内容是否被篡改不进行确认，因此攻击者可以轻易发动中间人攻击，修改客户端和服务器之间传输的数据，甚至在传输数据中插入恶意代码，导致客户端被引导至恶意网站。

HTTPS（Hypertext Transfer Protocol Secure，超文本传输安全协议）一般理解为 HTTP+SSL/TLS 协议，通过 SSL 证书来验证服务器的身份，并加密浏览器和服务器之间的通信。

安全套接字层（Secure Socket Layer，SSL）：1994 年由 Netscape 研发，SSL 协议位于 TCP/IP 协议与各种应用层协议之间，为数据通信提供安全支持。

传输层安全（Transport Layer Security，TLS）：其前身是 SSL，它最初的几个版本（SSL 1.0、SSL 2.0、SSL 3.0）由网景公司开发，1999 年从 3.1 版本开始被 IETF 标准化并改名，发展至今已经有 TLS 1.0、TLS 1.1、TLS 1.2 三个版本。SSL 3.0 和 TLS 1.0 由于存在安全漏洞，现在已经很少使用。TLS 1.3 改动较大，目前还处于草案阶段，目前使用最广泛的是 TLS 1.1、TLS 1.2。

HTTPS 是由 HTTP 加上 TLS/SSL 协议构建的可进行加密传输、身份认证的网络协议，主要通过数字证书、加密算法、非对称密钥等技术加密互联网传输数据，保护互联网传输安全。HTTPS 主要具有以下特点。

（1）数据保密性：保证数据内容在传输的过程中不被第三方查看，就像快递员传递包裹一样，都进行了封装。

（2）数据完整性：及时发现被第三方篡改的传输内容。就像快递员虽然不知道包裹里装了什么东西，但他有可能中途调包一样，数据完整性就是指如果被调包，我们能轻松发现并拒收。

（3）身份校验安全性：保证数据到达用户期望的目的地。就像我们邮寄包裹时，在对包裹进行了封装且确定其未被调包后，还必须确保这个包裹不会被送错地方，可以通过身份校验来确保送对了地方。

 **项目实施**

# 任务 9-1　部署公司门户网站

**任务规划**

公司门户网站是采用静态网页设计技术设计的网站，信息中心网站管理员小六已经收集到该网站的所有数据，并且要在 openEuler 操作系统上部署该站点。根据前期规划，公司门户网站的访问地址为 192.168.1.1。可通过以下步骤在 openEuler 操作系统上部署静态网站。

（1）配置 httpd 服务。

（2）通过 httpd 发布静态网站。

（3）启动 httpd 服务。

扫一扫

微课：部署企业的门户网站（HTML）

**任务实施**

**1．配置 httpd 服务**

（1）使用"yum"命令配置 httpd 服务，配置命令如下：

```
[root@WEBServer ~]# yum -y install httpd
```

（2）httpd 服务配置完成后，使用"rpm"命令查找 Apache 相关的软件包，配置命令如下：

```
[root@WEBServer ~]# rpm -qa | grep httpd
httpd-tools-2.4.48-3.oe1.x86_64     ##httpd服务的工具包
httpd-filesystem-2.4.48-3.oe1.noarch
httpd-2.4.48-3.oe1.x86_64           ##httpd服务的主程序包
```

### 2. 通过 httpd 发布静态网站

使用"vim"命令在目录"/var/www/html"下创建名为"index.html"的文件，并在文件内写入"这是 Jan16 公司门户网站的测试页面"，配置命令如下：

```
[root@WEBServer ~]# vim /var/www/html/index.html
这是 Jan16 公司门户网站的测试页面
```

### 3. 启动 httpd 服务

使用"systemctl"命令启动 httpd 服务，并设置 httpd 服务为开机自启动，配置命令如下：

```
[root@WEBServer ~]# systemctl restart httpd
[root@WEBServer ~]# systemctl enable httpd
```

### 任务验证

（1）使用"ss"命令查看 httpd 服务监听的端口情况，验证命令如下：

```
[root@WEBServer ~]# ss -lnt | grep 80
LISTEN 0       511           *:80              *:*
```

（2）切换到公司客户端 PC1，修改其 IP 地址为 192.168.1.2/24，配置命令如下：

```
[root@PC1 ~]# nmcli connection modify ens37 ipv4.addresses 192.168.1.2/24
ipv4.method manual
[root@PC1 ~]# nmcli connection up ens37
```

（3）在公司客户端 PC1 上使用浏览器访问网址"http://192.168.1.1"，结果显示公司门户网站能正常访问，如图 9-3 所示。

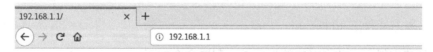

图 9-3　基于 IP 地址访问公司门户网站

# 任务 9-2　基于 IP 地址和端口部署人事管理系统站点

## 任务规划

由于公司门户网站已经占用了服务器上的 80 端口，因此在部署人事管理系统站点时使用同样的端口会出现错误。按照规划，本任务需要基于 8080 端口部署公司的人事管理系统站点。openEuler 操作系统主要使用虚拟主机的方式部署多站点。本任务主要有如下几个步骤。

（1）配置 httpd 服务的主配置文件。

（2）配置站点测试页面。

（3）重启 httpd 服务。

扫一扫

微课：基于端口部署人事
管理系统站点

## 任务实施

### 1. 配置 httpd 服务的主配置文件

修改 httpd 服务的主配置文件，在原文件的基础上增加监听端口和虚拟主机的设置，配置命令如下：

```
[root@WEBServer ~]# vim /etc/httpd/conf/httpd.conf
# 在文件末尾增加如下内容后保存并退出
Listen 8080                              # 设置 Apache 服务监听端口
<VirtualHost 192.168.1.1:8080>           # 设置虚拟主机站点 IP 地址为 192.168.1.1:8080
  DocumentRoot /var/www/8080             # 设置虚拟主机站点对应的根目录
  ServerName 192.168.1.1:8080            # 设置虚拟主机站点的服务器名称
</VirtualHost>
```

### 2. 配置站点测试页面

（1）创建虚拟主机站点对应的根目录，配置命令如下：

```
[root@WEBServer ~]# mkdir /var/www/8080
```

（2）创建站点测试页面，默认为 "index.html"，配置命令如下：

```
[root@WEBServer ~]# echo "port:8080" >> /var/www/8080/index.html
```

### 3. 重启 httpd 服务

使用 "systemctl" 命令重启 httpd 服务，配置命令如下：

```
[root@WEBServer ~]# systemctl restart httpd
```

## 任务验证

（1）在服务器上使用"ss"命令检查 httpd 服务启动的端口，可以看到 8080 端口已成功启动，验证命令如下：

```
[root@WEBServer ~]# ss -lnt | grep 8080
LISTEN 0        511                *:8080               *:*
```

（2）切换到公司客户端 PC1，使用浏览器访问网址："http://192.168.1.1:8080"，查看能否正常访问，如图 9-4 所示。

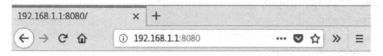

**图 9-4   成功访问 8080 端口页面**

# 任务 9-3   基于 DNS 域名部署项目管理系统站点

## 任务规划

公司的项目管理系统主要用于全国各区域项目部的员工管理项目相关资源及信息。项目管理系统站点需要具有较高的安全性，本任务将通过设置 Apache 虚拟目录及访问控制的方式达到这一要求，访问控制包括 IP 地址访问控制、用户访问控制。另外，项目管理系统需要通过一个 DNS 域名来访问，以避免项目部员工因不记得详细的 IP 地址而无法访问项目管理系统。本任务主要有如下几个步骤。

（1）配置 httpd 服务的主配置文件。

（2）添加认证用户。

（3）重启 httpd 服务。

扫一扫

微课：基于域名部署项目
管理系统站点

## 任务实施

在本任务中，DNS 服务器已经添加了 xiangmu.jan16.cn 的域名记录。

### 1. 配置 httpd 服务的主配置文件

修改 httpd 服务的主配置文件，配置基于 DNS 域名的虚拟主机并设置虚拟目录和访问控制参数，配置命令如下：

```
[root@WEBServer ~]# vim /etc/httpd/conf/httpd.conf
<VirtualHost xiangmu.jan16.cn:80>
 DocumentRoot /var/www/xiangmu
 ServerName xiangmu.jan16.cn
 Alias /xiangmu "/xiangmu"
 <Directory "/xiangmu">
    Order allow,deny
    Allow from 192.168.1.0/24
    AuthName "Please input your password"
    AuthType Basic
    AuthUserFile /var/www/passwd
    Require user xiaozhao
 </Directory>
</VirtualHost>
```

### 2. 添加认证用户

（1）使用"htpasswd"命令创建 xiaozhao 用户，设置密码为 123456，配置命令如下：

```
[root@WEBServer ~]# htpasswd -c /var/www/passwd xiaozhao
New password:        # 输入密码 123456
Re-type new password:     # 再次输入密码 123456
Adding password for user xiaozhao
```

（2）创建"/xiangmu"文件目录，用于保存站点页面文件，页面文件中需要输入内容"这是虚拟目录测试页面"，配置命令如下：

```
[root@WEBServer ~]# mkdir /xiangmu
[root@WEBServer ~]# echo "这是虚拟目录站点测试页面" > /xiangmu/index.html
```

（3）创建"/var/www/xiangmu"文件目录，用于保存项目管理系统首页文件，配置命令如下：

```
[root@WEBServer ~]# mkdir /var/www/xiangmu
```

### 3. 重启 httpd 服务

通过"systemctl"命令重启 httpd 服务，使站点配置生效，配置命令如下：

```
[root@WEBServer ~]# systemctl restart httpd
```

## 任务验证

（1）在公司客户端 PC1 上使用"curl http://xiangmu.jan16.cn/xiangmu/"命令访问站点，将返回"401 Unauthorized"页面，表示认证没有通过，验证命令如下：

```
[root@PC1 ~]# curl http://xiangmu.jan16.cn/xiangmu/
<!DOCTYPE HTML PUBLIC "-//IETF//DTD HTML 2.0//EN">
<html><head>
<title>401 Unauthorized</title>
</head><body>
<h1>Unauthorized</h1>
<p>This server could not verify that you
are authorized to access the document
requested. Either you supplied the wrong
credentials (e.g., bad password), or your
browser doesn't understand how to supply
the credentials required.</p>
</body></html>
```

（2）在公司客户端 PC1 上使用"curl -u xiaozhao:123456 http://xiangmu.jan16.cn/xiangmu/"
命令，将用户 xiaozhao 的验证信息传给网站，则能成功查看站点信息，验证命令如下：

```
[root@PC1 ~]# curl -u xiaozhao:123456 http://xiangmu.jan16.cn/xiangmu/
这是虚拟目录站点测试页面
```

（3）在 IP 地址为"192.168.2.1/24"的工会客户端 PC2 上使用"curl -u xiaozhao:
123456 http://xiangmu.jan16.cn/xiangmu/"命令访问站点，将提示"403 Forbidden"页面，
表示没有权限访问该站点，验证命令如下：

```
[root@PC2 ~]# nmcli connection modify ens37 ipv4.addresses 192.168.2.1/24
ipv4.method manual
[root@PC2 ~]# nmcli connection up ens37
[root@PC2 ~]# curl -u xiaozhao:123456 http://xiangmu.jan16.cn/xiangmu/
<!DOCTYPE HTML PUBLIC "-//IETF//DTD HTML 2.0//EN">
<html><head>
<title>403 Forbidden</title>
</head><body>
<h1>Forbidden</h1>
<p>You don't have permission to access /xiangmu/ on this server.<br />
</p>
</body></html>
```

# 任务 9-4　基于 HTTPS 部署项目管理安全站点

## 任务规划

公司的项目管理系统主要用于全国各区域项目部的员工管理项目相关资源及信息。项
目管理系统站点需要具有较高的安全性，本任务将通过设置 SSL 证书达到这一要求。本

任务主要有如下几个步骤。

（1）配置 mod_ssl 服务。

（2）配置 HTTPS 的主配置文件。

（3）重启 httpd 服务。

## 任务实施

在本任务中，DNS 服务器已经添加了 xiangmu.jan16.cn 的域名记录，并且已经保存了 SSL 证书压缩包。

### 1. 配置 mod_ssl 服务

（1）使用"yum"命令配置 mod_ssl 服务，配置命令如下：

```
[root@WEBServer ~]# yum -y install mod_ssl
```

（2）在 mod_ssl 服务配置完成后，使用"rpm"命令查找 SSL 相关的软件包，配置命令如下：

```
[root@WEBServer ~]# rpm -qa | grep ssl
mod_ssl-2.4.48-3.oe1.x86_64
openssl-libs-1.1.1f-7.oe1.x86_64
openssl-1.1.1f-7.oe1.x86_64
openssl-pkcs11-0.4.11-3.oe1.x86_64
```

### 2. 配置 HTTPS 的主配置文件

（1）使用"mkdir"命令创建目录，用于保存 SSL 证书文件路径，配置命令如下：

```
[root@WEBServer ~]# mkdir /etc/httpd/ssl
```

（2）使用"unzip"命令解压 SSL 证书压缩包，配置命令如下：

```
[root@WEBServer ~]# cd /etc/httpd/ssl/
[root@WEBServer ssl]# unzip xiangmu.jan16.cn_apache.zip
```

（3）修改 mod_ssl 服务的配置文件，配置基于 DNS 域名的虚拟主机并设置虚拟目录和访问控制参数，配置命令如下：

```
[root@WEBServer ~]# vim /etc/httpd/conf.d/ssl.conf
# 更改以下配置即可
<VirtualHost _default_:443>
DocumentRoot "/var/www/xiangmu"
ServerName xiangmu.jan16.cn:443
  Alias /xiangmu "/xiangmu"
  <Directory "/xiangmu">
      Order allow,deny
      Allow from 192.168.1.0/24
      AuthName "Please input your password"
```

```
      AuthType Basic
      AuthUserFile /var/www/passwd
      Require user xiaozhao
  </Directory>
SSLEngine on    #启用 SSL 功能
SSLCertificateFile /etc/httpd/ssl/xiangmu.jan16.cn_apache/xiangmu.jan16.
cn.crt          #填写 SSL 证书文件路径
SSLCertificateKeyFile /etc/httpd/ssl/xiangmu.jan16.cn_apache/xiangmu.jan16.
cn.key        #填写私钥文件路径
```

（4）修改 httpd 服务的主配置文件，修改域名信息，配置命令如下：

```
[root@WEBServer ~]# vim /etc/httpd/conf/httpd.conf
# 更改以下配置即可
ServerName localhost:80    去掉前面的 # 号，对应修改为 localhost
```

### 3. 重启 httpd 服务

（1）通过 "httpd" 命令检查 httpd 服务的语法，配置命令如下：

```
[root@WEBServer ~]# httpd -t
Syntax OK
```

（2）通过 "systemctl" 命令重启 httpd 服务，使站点配置生效，配置命令如下：

```
[root@WEBServer ~]# systemctl restart httpd
```

## 任务验证

在客户端 PC1 上使用 Firefox 应用访问站点，能成功查看站点信息，并且能够看到域名左边的锁没有标红，表示验证成功。若域名左边的锁标红，则表示验证失败。使用 Firefox 访问站点如图 9-5 所示。

**图 9-5　使用 Firefox 访问站点**

## 练 习 与 实 践

一、理论习题

选择题

1. Web 服务的主要功能是（　　）。

    A．传送网上所有类型的文件

    B．远程登录

    C．收发邮件

    D．提供浏览网页服务

2. HTTP 的中文意思是（　　）。

    A．高级程序设计语言

    B．域名

    C．传输协议

    D．互联网网址

3. 当使用无效凭据的客户端尝试访问未经授权的内容时，httpd 服务将返回（　　）错误。

    A．401      B．402      C．403      D．404

4. 虚拟目录指的是（　　）。

    A．位于计算机物理文件系统中的目录

    B．管理员在 IIS 中指定并映射到本地或远程服务器上的物理目录的名称

    C．一个特定的、包含根应用的目录

    D．Web 服务器所在的目录

5. HTTPS 使用的端口号是（　　）。

    A．21      B．23      C．25      D．443

6. 在 Apache 配置文件中出现了以 DocumentRoot 开头的语句，该字段代表的含义是（　　）。

    A．Apache 服务监听的端口号

    B．设置默认文档

    C．设置相对根目录的路径

    D．设置主目录的路径

二、项目实训题

1. 项目背景与需求

Jan16 公司需要部署信息中心的门户网站、生产部的业务应用系统和业务部的内部办公系统。根据 Jan16 公司的网络规划，有 VLAN 1、VLAN 2 和 VLAN 3 三个网段，网络地址分别为 172.20.0.0/24、172.21.0.0/24 和 172.22.0.0/24。

Jan16 公司采用安装了 openEuler 操作系统的服务器作为各部门互联的路由器，公司的 DNS 服务部署在业务部服务器上。Jan16 公司网络拓扑如图 9-6 所示。

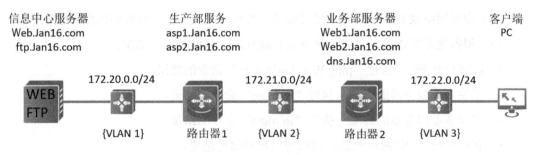

**图 9-6　Jan16 公司网络拓扑**

Jan16 公司希望网络管理员在实现各部门互联的基础上部署各部门网站，具体需求如下。

（1）信息中心服务器用于发布公司门户网站（静态）信息。公司门户网站信息如表 9-6 所示。

**表 9-6　公司门户网站信息**

| 网 站 名 称 | IP 地址 / 子网掩码 | 端 口 号 | 网 站 域 名 |
|---|---|---|---|
| 门户网站 | | | Web.Jan16.com |

（2）生产部服务器用于发布生产部的 2 个业务应用系统（静态），这两个业务应用系统只允许通过域名访问。生产部的业务应用系统信息如表 9-7 所示。

**表 9-7　生产部的业务应用系统信息**

| 网 站 名 称 | IP 地址 / 子网掩码 | 端 口 号 | 网 站 域 名 |
|---|---|---|---|
| 业务应用系统 asp1 | | | asp1.Jan16.com |
| 业务应用系统 asp2 | | | asp2.Jan16.com |

（3）业务部服务器用于发布业务部的 2 个内部办公系统（静态），这两个内部办公系统必须通过不同 IP 地址访问。业务部的内部办公系统信息如表 9-8 所示。

**表 9-8　业务部的内部办公系统信息**

| 网 站 名 称 | IP 地址 / 子网掩码 | 端 口 号 | 网 站 域 名 |
|---|---|---|---|
| 内部办公系统 Web1 | | | Web1.Jan16.com |
| 内部办公系统 Web2 | | | Web2.Jan16.com |

**信创服务器操作系统的配置与管理（openEuler 版）**

2．项目实施要求

（1）根据项目网络拓扑背景，补充完成如表 9-9 所示的 IP 地址信息规划表。

表 9-9　IP 地址信息规划表

| 设　　备 | 计 算 机 名 | IP 地址 / 子网掩码 | 网　关　地　址 | DNS 服务器地址 |
|---|---|---|---|---|
| 信息中心服务器 | | | | |
| 生产部服务器 | | | | |
| 业务部服务器 | | | | |
| 客户端 | | | | |

（2）根据网络规划信息和网站部署要求，补充完成表 9-6 ～表 9-8 中的配置信息。

（3）根据项目的要求，完成计算机的互联互通，并截取以下结果。

• 在客户端 PC 上执行"ping Web.Jan16.com"命令的结果。

• 在生产部服务器的终端上执行"ip route"命令的结果。

• 在业务部服务器的终端上执行"ip route"命令的结果。

• 使用客户端 PC 的浏览器访问公司门户网站的结果。

• 使用客户端 PC 的浏览器访问生产部的两个业务应用系统的域名的结果。

• 使用客户端 PC 的浏览器访问业务部的两个内部办公系统首页的结果。

# 项目 10　部署企业的 FTP 服务

## 学习目标

（1）掌握 FTP 的工作原理。

（2）了解 FTP 定义的典型消息。

（3）掌握匿名 FTP 与实名 FTP 的概念与应用。

（4）掌握 FTP 多站点的概念与应用。

（5）掌握企业网 FTP 服务的部署业务实施流程。

## 项目描述

　　Jan16 公司信息中心的文件共享服务能有效地提高信息中心网络的使用效率，Jan16 公司希望能在信息中心部署公司文档中心，为各部门提供 FTP 服务，以提高公司员工的工作效率。Jan16 公司网络拓扑如图 10-1 所示。

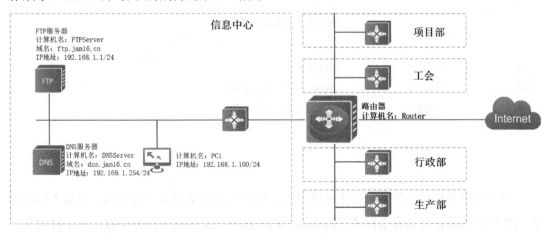

**图 10-1　Jan16 公司网络拓扑**

FTP 服务部署要求如下。

（1）在 FTP 服务器上部署 FTP 服务、创建 FTP 站点，为 Jan16 公司所有员工提供文件共享服务，从而提高员工的工作效率，具体要求有以下几点。

① 在"/var/ftp"目录下创建"文档中心"目录，并在该目录下创建"产品技术文档""公司品牌宣传""常用软件工具""公司规章制度"子目录，以实现公共文档的分类管理。

② 部署公共 FTP 站点，站点根目录为"/var/ftp/ 文档中心"，仅允许员工下载文档。

③ FTP 的访问地址为"ftp://192.168.1.1"。

（2）在 FTP 服务器上建立部门级数据共享空间，具体要求有以下几点。

① 在"/var/ftp"目录下为各部门创建"部门文档中心"目录，并在该目录下创建"行政部""项目部""工会"部门专属目录，同时为各部门创建相应的服务账号。

② 基于不同端口部署部门 FTP 站点，站点根目录为"/var/ftp/ 部门文档中心"，该站点不允许用户修改根目录结构，各部门服务账号仅允许访问对应的部门专属目录，对部门专属目录有上传和下载的权限。

③ 为各部门设置专门访问账号，仅允许通过它们访问"文档中心"和部门专属目录文档。

④ FTP 的访问地址为"ftp://192.168.1.1:2100"。

（3）工会负责管理全国各分公司的员工，不同职位的员工权限不同，其中负责人是小赵，普通员工包括小陈、小蔡等。因此，Jan16 公司需要在 FTP 服务器中对工会 FTP 站点的权限进行详细划分，具体要求有以下几点。

① FTP 的访问地址为"ftp://192.168.1.1:2120"。

② FTP 工会站点根目录为"/var/ftp/ 部门文档中心 / 工会"。

③ 不同用户对工会目录具有不同权限，工会用户权限如表 10-1 所示。

表 10-1　工会用户权限

| 用　　户 | 职　　位 | 权　　限 |
| --- | --- | --- |
| 小赵 | 负责人 | 完全控制 |
| 小陈 | 普通员工 | 只读、下载、不能上传 |
| 小蔡 | 普通员工 | 只读、下载、不能上传 |

 项目分析

通过部署文件共享服务可以让局域网内的用户访问共享目录下的文档，但是不同局域网内的用户无法访问该共享目录下的文档。FTP 服务与文件共享服务类似，用于提供文件共享访问服务，但是它提供服务的网络不再局限于局域网，用户还可以通过广域网访问。因此，可以在公司的服务器上建立 FTP 站点，并在 FTP 站点上部署共享目录，这样就可以共享公司文档，员工便可以方便地访问该站点的文档。

根据项目背景，分别在 openEuler 操作系统上部署 FTP 站点服务，具体分解为以下几个工作任务。

（1）部署公共 FTP 站点。

（2）部署部门 FTP 站点。

（3）配置 FTP 服务器权限。

## 相关知识

文件传输协议（File Transfer Protocol，FTP）定义了在远程计算机系统和本地计算机系统之间传输文件的标准，工作在应用层，使用 TCP 在不同的主机之间提供可靠的数据传输服务。由于 TCP 是一种面向连接的、可靠的传输协议，因此 FTP 可提供可靠的数据传输服务。FTP 支持断点续传功能，可以大幅降低 CPU 和网络带宽的开销。在 Internet 诞生初期，FTP 就被应用于数据传输服务，并且一直作为主要的服务被广泛部署，在 Windows、Linux、UNIX 等各种常见的操作系统中被广泛使用。

# 10.1　FTP 的组成

FTP 是 TCP/IP 协议簇中的协议之一，有两个组成部分，其一为 FTP 服务器，其二为 FTP 客户端。其中，FTP 服务器用来存储文件，用户可以使用 FTP 客户端，通过 FTP 访问位于 FTP 服务器上的资源。在开发网站时，通常利用 FTP 把网页或程序传输到 Web 服务器上。此外，由于 FTP 传输效率非常高，因此在网络中传输大文件时一般也采用该协议。

# 10.2　常用 FTP 服务器和 FTP 客户端

目前，市面上有众多的 FTP 服务器和 FTP 客户端，表 10-2 所示为基于 Windows 和 Linux 两种平台的常用 FTP 服务器和 FTP 客户端。

表 10-2　基于 Windows 和 Linux 两种平台的常用 FTP 服务器和 FTP 客户端

| 程　序 | 基于 Windows 平台 | | 基于 Linux 平台 | |
| --- | --- | --- | --- | --- |
| | 名　称 | 连接模式 | 名　称 | 连接模式 |
| FTP 服务器 | IIS | 主动、被动 | vsftpd | 主动、被动 |
| | Serv-U | 主动、被动 | proftpd | 主动、被动 |
| | Xlight FTP Server | 主动、被动 | Wu-ftpd | 主动、被动 |

续表

| 程　序 | 基于 Windows 平台 | | 基于 Linux 平台 | |
|---|---|---|---|---|
| | 名　称 | 连接模式 | 名　称 | 连接模式 |
| FTP 客户端 | 命令行工具 FTP | 默认为主动 | 命令行工具 lftp | 默认为主动 |
| | 图形化工具 CuteFTP、LeapFTP | 主动、被动 | 图形化工具 gFTP、Iglooftp | 主动、被动 |
| | Web 浏览器 | 主动、被动 | Mozilla 浏览器 | 主动、被动 |

# 10.3　FTP 定义的典型消息

当使用 FTP 客户端与 FTP 服务器通信时，经常会看到一些由 FTP 服务器发送过来的消息，这些消息是 FTP 定义的。表 10-3 所示为 FTP 定义的典型消息。

**表 10-3　FTP 定义的典型消息**

| 消息号 | 含　义 |
|---|---|
| 120 | 服务的准备时间 |
| 125 | 数据连接已经打开，开始传送 |
| 150 | 文件状态正确，正在打开数据连接 |
| 200 | 命令执行正确 |
| 202 | 命令未被执行，该站点不支持此命令 |
| 211 | 系统状态或系统帮助信息回应 |
| 212 | 目录状态 |
| 213 | 文件状态 |
| 214 | 帮助消息，关于如何使用本服务器或特殊的非标准命令 |
| 220 | 对新连接用户的服务已准备就绪 |
| 221 | 控制连接关闭 |
| 225 | 数据连接打开，无数据传输正在进行 |
| 226 | 正在关闭数据连接，请求的文件操作成功，如文件传送或终止 |
| 227 | 进入被动模式 |
| 230 | 用户已登录。若不需要，则可以退出 |
| 250 | 请求的文件操作完成 |
| 331 | 用户名正确，需要输入密码 |
| 332 | 需要登录的账号 |
| 350 | 请求的文件操作需要更多的信息 |
| 421 | 服务不可用，控制连接关闭，可能是因为同时连接的用户过多（已达到同时连接的用户数量阈值）或连接超时 |
| 425 | 打开数据连接失败 |
| 426 | 连接关闭，传送中止 |
| 450 | 请求的文件操作未被执行 |
| 451 | 请求的操作中止，发生本地错误 |

续表

| 消息号 | 含　义 |
|---|---|
| 452 | 请求的操作未被执行，系统存储空间不足，文件不可用 |
| 500 | 语法错误，命令不可识别，可能是因为命令行过长 |
| 501 | 因参数错误导致的语法错误 |
| 502 | 命令未被执行 |
| 503 | 命令顺序错误 |
| 504 | 由于参数错误，命令未被执行 |
| 530 | 账号或密码错误，未能登录 |
| 532 | 存储文件需要账号信息 |
| 550 | 请求的操作未被执行，文件不可用，如文件未找到或无访问权限 |
| 551 | 请求的操作中止，页面类型未知 |
| 552 | 请求的文件操作中止，超出当前目录的可用存储空间 |
| 553 | 请求的操作未被执行，文件名不合法 |

# 10.4　匿名 FTP 与实名 FTP

## 1. 匿名 FTP

在使用 FTP 时必须先登录 FTP 服务器，在远程主机上获取相应的用户权限以后方可下载或上传文件。也就是说，如果想要同计算机进行文件传输，那么必须获取该计算机的相关使用授权。换言之，除非有登录计算机的账号和密码，否则便无法进行文件传输。

但是，这种配置管理方法违背了 Internet 的开放性，Internet 上的 FTP 服务器主机太多了，不可能要求每个用户在每台 FTP 服务器上都拥有各自的账号。因此，匿名 FTP 应运而生。

匿名 FTP 是指用户可通过匿名账号连接到远程主机，并从主机上下载文件，而无须成为 FTP 服务器的注册用户。此时，系统管理员会建立一个特殊的用户账号，名为 anonymous，任何人在任何地方都可使用该匿名账号下载 FTP 服务器上的资源。

## 2. 实名 FTP

相对于匿名 FTP，一些 FTP 仅允许特定用户访问，为一个部门、组织或个人提供网络共享服务，这种 FTP 称为实名 FTP。

用户在访问实名 FTP 时需要输入账号和密码，系统管理员需要在 FTP 服务器上注册相应的用户账号。

# 10.5　FTP 的工作原理与工作方式

一个 FTP 会话通常包括 5 个软件元素的交互，表 10-4 所示为 FTP 会话的 5 个软件元素，图 10-2 所示为 FTP 的工作模型。

表 10-4　FTP 会话的 5 个软件元素

| 软 件 元 素 | 说　　明 |
| --- | --- |
| 用户接口（UI） | 提供了一个用户接口并使用客户端协议解释器的服务 |
| 客户端协议解释器（CPI） | 向远程服务器协议解释器发送命令并且驱动客户端数据传输 |
| 服务器协议解释器（SPI） | 响应客户端协议解释器发出的命令并驱动服务器数据传输 |
| 客户端数据传输协议（CDTP） | 负责完成与服务器的数据传输过程，以及客户端本地文件系统的通信 |
| 服务器数据传输协议（SDTP） | 负责完成与客户端的数据传输过程，以及服务器文件系统的通信 |

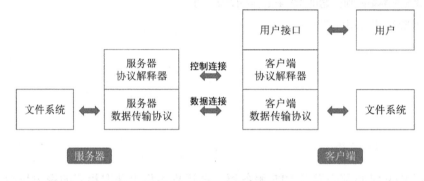

图 10-2　FTP 的工作模型

大多数 TCP 应用协议使用一个连接，一般是客户端先向服务器的一个固定端口发起连接，然后使用这个连接进行通信。但是，FTP 却有所不同，FTP 在运行时要使用两个 TCP 连接。

在 TCP 会话中，存在两个独立的 TCP 连接：一个是由 CPI 和 SPI 使用的，称为控制连接；另一个是由 CDTP 和 SDTP 使用的，称为数据连接。FTP 独特的双端口连接结构的优势在于这两个 TCP 连接可以选择各自合适的服务质量。例如，为控制连接提供更短的延迟时间和为数据连接提供更大的数据吞吐量。

控制连接是在执行 FTP 命令时由客户端发起请求与服务器建立连接。控制连接并不用于传输数据，仅用于传输控制数据（传输 FTP 命令集及其响应）。因此，控制连接只需要很小的网络宽带。

通常情况下，服务器监听 21 端口来等待控制连接建立请求。一旦客户端和服务器建立了连接，控制连接将始终保持连接状态，而数据连接端口（20 端口）仅在传输数据时开启。在客户端请求获取 FTP 文件目录、执行上传文件和下载文件等操作时，客户端和服务器将建立数据连接，这里的数据连接是全双工的，允许同时进行双向数据传输，并且客户端的端口号是随机产生的，多次建立连接的客户端端口号是不同的，一旦传输结束，就马上释放该数据连接。FTP 的工作过程如图 10-3 所示，其中客户端端口号（1088 和 1089）是在客户端内随机产生的。

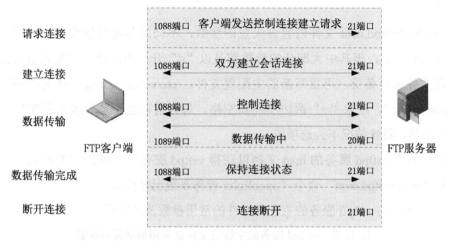

**图 10-3　FTP 的工作过程**

FTP 支持两种模式，即 Standard 模式（又称 PORT 模式、主动模式）和 Passive 模式（又称 PASV 模式、被动模式）。Standard 模式下客户端发送"PORT"命令到服务器，Passive 模式下客户端发送"PASV"命令到服务器。

Standard 模式的工作原理如下。

客户端首先和服务器的 21 端口建立连接，通过这个通道发送命令，客户端在接收数据时需要在这个通道上发送"PORT"命令。"PORT"命令包含客户端接收数据使用的端口。服务器通过自己的 20 端口连接至客户端的指定端口发送数据，服务器必须和客户端建立一个新的连接来发送数据。

Passive 模式的工作原理如下。

在建立控制通道时，Passive 模式和 Standard 模式类似，但建立连接后发送的不是"PORT"命令，而是"PASV"命令。服务器接收到"PASV"命令后，随机打开一个高端端口（端口号大于 1024）并且通知客户端在这个端口上发送数据的请求，客户端连接服务器此端口，通过三次握手建立通道，服务器将通过这个端口发送数据。

很多防火墙在设置时都是不允许接受外部发起的连接的，所以许多位于防火墙后或内网的服务器不支持 Passive 模式，因为客户端无法穿过防火墙打开服务器的高端端口；而许多内网的客户端不能用 Standard 模式登录服务器，因为从服务器的 20 端口无法和内部网络的客户端建立一个新的连接，会造成无法工作的情况。

# 10.6　FTP 服务常用的配置文件及参数

### 1．/etc/vsftpd/vsftpd.conf 文件（主配置文件）

/etc/vsftpd/vsftpd.conf 文件内包含大量的参数，不同的参数可以实现不同的 vsftpd 服务功能和控制权限，但其中大部分的参数都是以"#"开头的注释，在配置前可先将原始的主配置文件进行备份，再重写新的主配置文件。/etc/vsftpd/vsftpd.conf 文件书写的格式为"option=value"，注意"="两边不能留空格。每行前后也不能有多余的空格，选项区分字母大小写，特殊情况下为选项值。

如果要查询 vsftpd 服务的 man 文档以获得 vsftpd 服务的详细选项配置说明，则可在终端输入"man vsftpd.conf"命令（openEuler 操作系统已移除）。

表 10-5 所示为 vsftpd 服务的主配置文件的常用参数及其解析。

**表 10-5　vsftpd 服务的主配置文件的常用参数及其解析**

| 参　　数 | 解　　析 |
| --- | --- |
| anonymous_enable=YES/NO | 是否允许匿名访问，YES 为允许，NO 为拒绝 |
| local_enable= YES/NO | 是否允许本地用户登录，YES 为允许，NO 为拒绝 |
| write_enable= YES/NO | 是否允许用户读写，YES 为允许，NO 为拒绝 |
| local_umask=022 | 权限掩码（反码），即默认创建文件的权限为 777–022=755，目录权限是 666–022=644 |
| anon_upload_enable= YES/NO | 是否允许匿名用户上传文件，YES 为允许，NO 为拒绝 |
| anon_mkdir_write_enable= YES/NO | 是否允许默认用户创建文件夹，YES 为允许，NO 为拒绝 |
| dirmessage_enable=YES/NO | 用户首次进入新目录时可以显示消息，在进入目录时是否允许显示 message 文件的内容，YES 为允许，NO 为拒绝 |
| xferlog_enable=YES/NO | 是否启用日志文件，上传或下载的日志被记录在"/var/log/vsftpd.log"文件中，YES 为允许，NO 为拒绝 |
| connect_from_port_20=YES/NO | 控制以 Standard 模式进行数据传输时是否使用 20 端口（ftp-data），YES 为允许，NO 为拒绝 |
| chown_uploads=YES<br>chown_username=whoever | 这两行要成对出现，表示上传文件后文件的所有者变成 whoever，不能重新上传并覆盖该文件 |
| pam_service_name=vsftpd | 列出与 vsftpd 服务相关的 PAM 文件 |
| userlist_enable=YES/NO | 当该选项设为 YES 时，启用配置文件"/etc/vsftpd/user_list"：<br>（1）若此时没有选项 userlist_deny=NO，则"/etc/vsftpd/user_list"文件中的用户不能访问 FTP。<br>（2）若此时存在选项 userlist_deny=NO，则仅接受"/etc/vsftpd/user_list"文件中存在用户登录 FTP 的请求（前提是这些用户不存在于"/etc/vsftpd/ftpusers"文件中）。<br>当该选项设置为 NO 时，不启用配置文件"/etc/vsftpd/user_list" |
| userlist_file=/etc/vsftpd/users_list | 默认的用户名单 |

| 参　数 | 解　析 |
|---|---|
| guest_enable=YES/NO | 是否开启用户身份验证，YES 为开启，NO 为关闭 |
| guest_username=ftp | 虚拟用户映射登录的用户为 ftp，此用户的身份为 guest 用户，配合上一个参数使用生效 |
| local_root=/var/ftp | 设定本地用户登录的主目录位置 |
| anon_root=/var/ftp | 设定匿名用户登录的主目录位置 |
| pasv_enable=YES<br>#port_enable=YES | port 表示 Standard 模式，pasv 表示 Passive 模式，两种模式不能同时使用，必须注释一个 |
| pasv_min_port=9000<br>pasv_max_prot=9200 | 使用 Passive 模式时端口的范围。本例端口的范围为 9000 ～ 9200，只能在 Passive 模式下使用 |
| use_localtime=YES/NO | 是否使用本地时间，YES 为使用，NO 为不使用 |
| anon_umaks=022 | 匿名用户上传文件的 umask 值 |
| anon_upload_enable=YES/NO | 是否允许匿名用户上传文件，YES 为允许，NO 为拒绝 |
| chroot_local_user=YES/NO | 是否锁定所有系统用户在家目录中，YES 为锁定，NO 为不锁定 |
| anon_other_write_enable=YES/NO | 是否允许匿名用户修改目录名或删除目录，YES 为允许，NO 为拒绝 |
| chroot_list_enable=YES/NO | 锁定特定用户在家目录中，当 chroot_local_user=YES 时，chroot_list 文件中的用户不锁定，当 chroot_local_user=NO 时，chroot_list 文件中的用户锁定 |
| ftpd_banner="welcome to mage ftp server" | 自定义 FTP 登录提示信息 |
| max_clients=0 | 最大并发连接数 |
| max_per_ip=0 | 同一 IP 地址的最大并发连接数 |
| anon_max_rate=0 | 匿名用户的最大数据传输速率 |
| local_max_rate=0 | 本地用户的最大数据传输速率 |

## 2. /etc/pam.d/vsftpd 文件（vsftpd 认证文件）

/etc/pam.d/vsftpd/ 文件主要用于加强 vsftpd 服务器的用户认证，决定 vsftpd 服务器使用何种认证方式，可以是本地系统的真实用户认证（模块 pam_unix），也可以是独立的用户认证数据库认证（模块 pam_userdb），还可以是网络上的 LDAP 数据库认证（模块 pam_ldap）等。此文件中的"file=/etc/vsftpd/ftpusers"字段指明阻止访问的用户来自"/etc/vsftpd/ftpusers"文件。文件的输出如下：

```
#%PAM-1.0
session    optional    pam_keyinit.so    force revoke
auth       required    pam_listfile.so item=user sense=deny file=/etc/vsftpd/
ftpusers onerr=succeed
auth       required    pam_shells.so
auth       include     password-auth
account    include     password-auth
session    required    pam_loginuid.so
session    include     password-auth
```

### 3. /etc/vsftpd/ftpusers 文件（黑名单）

/etc/vsftpd/ftpusers 文件不受任何配置项的影响，它总是有效，是一个黑名单。该文件中存储的是一个禁止访问 FTP 服务的用户列表，出于安全考虑，系统管理员通常不希望一些拥有过大权限的账号（如 root）登录 FTP 服务器，以免通过该账号上传或下载一些危险位置上的文件从而损坏系统。该文件中默认包含 root、bin、daemon 等系统账号。文件的部分内容如下：

```
# 不允许下列用户登录 FTP 服务
root
bin
daemon
adm
lp
sync
shutdown
# 省略显示部分内容
```

### 4. /etc/vsftpd/user_list 文件（用户列表）

/etc/vsftpd/user_list 文件中包括的用户有可能是被拒绝访问 vsftpd 服务的用户，也有可能是被允许访问 vsftpd 服务的用户，这完全取决于 vsftpd 服务的主配置文件（/etc/vsftpd/vsftpd.conf）中的 "userlist_deny" 参数和 "userlist_enable" 参数设置为 "YES"（默认）还是 "NO"，代码如下：

```
userlist_enable=YES    userlist_deny=YES  # 黑名单，拒绝文件中的用户访问 FTP 服务
userlist_enable=YES    userlist_deny=NO   # 白名单，拒绝除 userlist 文件外的用户访问 FTP
userlist_enable=NO     userlist_deny=YES/NO  # 无效名单，表示没有限制任何用户访问
```

### 5. /var/ftp 文件（默认共享站点目录）

默认共享站点目录是 vsftpd 服务器提供服务的文件集散地，它包括一个 pub 子目录。在默认配置下，所有的目录都是只读状态的，只有 root 用户拥有写权限。

# 任务 10-1　部署公共 FTP 站点

## 任务规划

在 FTP 服务器上部署一个公共 FTP 站点，并在站点根目录 "/var/ftp/ 文档中心" 下分

别创建"产品技术文档""公司品牌宣传""常用软件工具""公司规章制度"子目录，以实现公共文档的分类管理，方便员工下载文档，任务网络拓扑如图 10-4 所示。

扫一扫

微课：企业公共 FTP 站点的部署

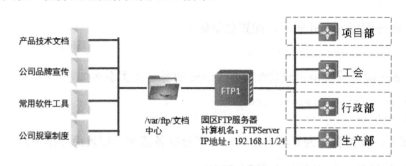

**图 10-4　任务网络拓扑**

安装了 openEuler 操作系统的服务器具备 FTP 服务功能，本任务可以在 FTP 服务器上配置 FTP 服务功能，并通过以下几个步骤部署公共 FTP 站点。

（1）在 FTP 服务器上创建 FTP 站点目录。

（2）在 FTP 服务器上配置 vsftpd 服务。

（3）修改 FTP 服务的主配置文件参数。

（4）重启 FTP 服务。

## 任务实施

### 1. 在 FTP 服务器上创建 FTP 站点目录

（1）在 FTP 服务器的"/var/ftp"目录下创建"文档中心"目录，并在"文档中心"目录下创建"产品技术文档""公司品牌宣传""常用软件工具""公司规章制度"子目录。在"产品技术文档"目录下创建"a.txt"文件，配置命令如下：

```
[root@FTPServer ~]# mkdir /var/ftp/ 文档中心
[root@FTPServer ~]# cd /var/ftp/ 文档中心 /
[root@FTPServer 文档中心 ]# mkdir 产品技术文档 公司品牌宣传 常用软件工具 公司规章制度
[root@FTPServer 文档中心 ]# ll
总用量 16K
drwxr-xr-x. 2 root root 4.0K 3 月 28 12:09 产品技术文档
drwxr-xr-x. 2 root root 4.0K 3 月 28 12:09 常用软件工具
drwxr-xr-x. 2 root root 4.0K 3 月 28 12:09 公司规章制度
drwxr-xr-x. 2 root root 4.0K 3 月 28 12:09 公司品牌宣传
[root@FTPServer 文档中心 ]# cd 产品技术文档 /
[root@FTPServer 产品技术文档 ]# touch a.txt
```

（2）修改"文档中心"目录的默认所属用户和所属组，并设置为递归状态，避免用户无法读写目录数据的情况出现，配置命令如下：

```
[root@FTPServer 文档中心]# chown -R ftp.ftp /var/ftp/ 文档中心 /
```

### 2. 在 FTP 服务器上配置 vsftpd 服务

（1）使用"yum"命令配置 vsftpd 服务，配置命令如下：

```
[root@FTPServer ~]# yum -y install vsftpd
```

（2）使用"rpm"命令检查系统是否成功配置了 vsftpd 服务，配置命令如下：

```
[root@FTPServer ~]# rpm -qa | grep vsftpd
vsftpd-3.0.3-33.oe1.x86_64
```

（3）启动 vsftpd 服务，设置服务为开机自启动，并查看服务状态，配置命令如下：

```
[root@FTPServer ~]# systemctl start vsftpd.service
[root@FTPServer ~]# systemctl enable vsftpd
[root@FTPServer ~]# systemctl status vsftpd.service
● vsftpd.service - Vsftpd ftp daemon
    Loaded: loaded (8;;file://DNS-client/usr/lib/systemd/system/vsftpd.service/
usr/lib/systemd/system/vsftpd.service8;>
    Active: active (running) since Tue 2022-3-28 12:12:56 CST; 11s ago
    Process: 3494 ExecStart=/usr/sbin/vsftpd /etc/vsftpd/vsftpd.conf (code=
exited, status=0/SUCCESS)
   Main PID: 3495 (vsftpd)
      Tasks: 1 (limit: 8989)
     Memory: 404.0K
     CGroup: /system.slice/vsftpd.service
             └─3495 /usr/sbin/vsftpd /etc/vsftpd/vsftpd.conf
# 省略显示部分内容
```

### 3. 修改 FTP 服务的主配置文件参数

（1）在修改 vsftpd 服务的主配置文件参数前，需要对主配置文件进行备份，配置命令
如下：

```
[root@FTPServer ~]# cp /etc/vsftpd/vsftpd.conf /etc/vsftpd/vsftpd.conf.bak
```

（2）修改 vsftpd 服务的主配置文件，需要设置 FTP 服务器允许匿名用户登录，允许
匿名用户上传、下载和创建目录，但是不允许匿名用户删除共享的内容，配置命令如下：

```
[root@FTPServer ~]# vim /etc/vsftpd/vsftpd.conf
anonymous_enable=YES          ## 设置允许匿名用户登录
#local_enable=YES             ## 注释此行表示禁止本地系统用户登录
#local_umask=022              ## 注释此行表示取消对本地用户设置新增文件的权限掩码
write_enable=YES              ## 设置匿名用户具备写入权限
anon_upload_enable=YES        ## 设置匿名用户具备上传权限
anon_umask=022                ## 设置匿名用户新增文件的权限掩码
anon_mkdir_write_enable=YES   ## 允许匿名用户创建文件夹
anon_other_write_enable=NO    ## 禁止匿名用户修改或删除文件
```

## 4. 重启 FTP 服务

通过"systemctl"命令重启 FTP 服务，配置命令如下：

```
[root@FTPServer ~]# systemctl restart vsftpd.service
```

## 任务验证

（1）在 FTP 服务器上使用"ss"命令检查端口启用情况，可以看到 FTP 服务默认监听的 21 端口已启用，验证命令如下：

```
[root@FTPServer ~]# ss -lnt | grep 21
LISTEN      0         32                        *:21                      *:*
```

（2）配置 PC1 的 IP 地址为"192.168.1.2/24"，验证命令如下：

```
[root@PC1 ~]# nmcli connection modify ens37 ipv4.addresses 192.168.1.2/24
[root@PC1 ~]# nmcli connection up ens37
```

（3）在 PC1 上，使用"yum"命令配置 FTP 客户端服务，配置命令如下。

```
[root@PC1 ~]# yum -y install ftp
```

（4）在 PC1 上，通过"ftp"命令访问 FTP 站点，使用匿名用户账号 anonymous 或 ftp 登录（密码为空）。登录成功后，使用"mkdir"命令创建目录，操作成功，若删除目录则会操作失败，验证命令如下：

```
[root@PC1 ~]# ftp 192.168.1.1
Connected to 192.168.1.1 (192.168.1.1).
220 (vsFTPd 3.0.3)
Name (192.168.1.1:root): anonymous
331 Please specify the password.
Password:
230 Login successful.
Remote system type is UNIX.
Using binary mode to transfer files.
ftp> cd 文档中心
250 Directory successfully changed.
ftp> mkdir test
257 "/ 文档中心 /test" created
ftp> rm test
550 Permission denied.
```

（5）使用匿名用户账号登录成功后，切换到"产品技术文档"目录，尝试将"a.txt"文件下载到本地并且修改其名称为"file.txt"，验证命令如下：

```
ftp> cd 产品技术文档
250 Directory successfully changed.
ftp> get a.txt file.txt
local: file.txt remote: a.txt
227 Entering Passive Mode (192,168,1,1,44,207).
150 Opening BINARY mode data connection for a.txt (0 bytes).
```

```
226 Transfer complete.
ftp> quit
221 Goodbye.
[root@PC1 ~]# ll
总用量 8
-rw-------. 1 root root 1.2K 12 月 22 10:19 anaconda-ks.cfg
-rw-r--r--. 1 root root    0 12 月 28 14:36 file.txt
```

# 任务 10-2　部署部门 FTP 站点

## 任务规划

在任务 10-1 中，部署了公共 FTP 站点，为员工下载公司共享文件提供了便利，提高了员工的工作效率。各部门也相继提出了建立部门级数据共享空间需求，具体要求如下。

（1）在"/var/ftp"目录下为各部门创建"部门文档中心"目录，并在该目录下创建"行政部""项目部""工会"部门专属目录。

（2）为各部门创建相应的服务账号。

（3）创建部门 FTP 站点，站点根目录为"/var/ftp/ 部门文档中心"，站点权限如下。

① 不允许用户切换到其他目录。

② 各部门服务账号仅允许访问对应的部门专属目录，对部门专属目录有上传和下载权限。

（4）FTP 的访问地址为"ftp://192.168.1.1:2100"。

本任务在部署部门 FTP 站点时，可以先创建一个具有上传和下载权限的站点，然后在创建的站点目录和子目录中配置权限，给服务账号配置相应的权限。在设计服务账号时，可以根据组织架构的特征，创建服务账号。因此，应根据与 FTP 服务相关的公司组织架构来规划和设计相应的服务账号与部门 FTP 站点架构。部门 FTP 站点架构如图 12-5 所示。

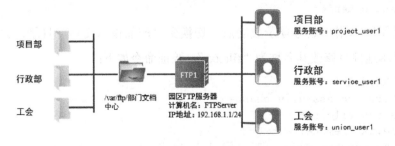

**图 10-5　部门 FTP 站点架构**

综上所述，本任务可通过以下几个步骤来实现。

（1）创建 FTP 站点的部门服务账号。

（2）配置 FTP 站点参数，根据公司需求创建部门 FTP 站点。

（3）重启 FTP 服务。

### 任务实施

#### 1. 创建 FTP 站点的部门服务账号

（1）在 FTP 服务器的"/var/ftp"目录下为各部门建立"部门文档中心"目录，并在该目录下创建"行政部""项目部""工会"部门专属目录。

```
[root@FTPServer ~]# mkdir /var/ftp/部门文档中心
[root@FTPServer ~]# mkdir /var/ftp/部门文档中心/行政部
[root@FTPServer ~]# mkdir /var/ftp/部门文档中心/项目部
[root@FTPServer ~]# mkdir /var/ftp/部门文档中心/工会
```

（2）在 FTP 服务器上创建用户 project_user1、service_user1、union_user1，并且设置家目录为"/var/ftp/部门文档中心/"目录下的 3 个共享目录"项目部""行政部""工会"，设置密码为"Jan16@123"，配置命令如下：

```
[root@FTPServer ~]# useradd -d /var/ftp/部门文档中心/项目部 project_user1
[root@FTPServer ~]# useradd -d /var/ftp/部门文档中心/行政部 service_user1
[root@FTPServer ~]# useradd -d /var/ftp/部门文档中心/工会 union_user1
[root@FTPServer ~]# echo "Jan16@123" | passwd --stdin project_user1
[root@FTPServer ~]# echo "Jan16@123" | passwd --stdin service_user1
[root@FTPServer ~]# echo "Jan16@123" | passwd --stdin union_user1
```

（3）在 FTP 服务器上每个用户的家目录下，创建 3 个测试用的 txt 文件，配置命令如下：

```
[root@FTPServer ~]# touch /var/ftp/部门文档中心/项目部/project.txt
[root@FTPServer ~]# touch /var/ftp/部门文档中心/行政部/service.txt
[root@FTPServer ~]# touch /var/ftp/部门文档中心/工会/union.txt
```

#### 2. 配置 FTP 站点参数，根据公司需求创建部门 FTP 站点

（1）创建名称为"/etc/vsftpd/vsftpd2100.conf"的配置文件，在配置文件中设置相应的权限，禁用匿名用户登录，允许本地用户登录但不允许其切换目录，设置本地用户对目录有上传、下载的权限，设置监听的端口号为 2100，配置命令如下：

```
[root@FTPServer ~]# vim /etc/vsftpd/vsftpd2100.conf
listen=YES
anonymous_enable=NO
local_enable=YES
write_enable=YES
local_umask=022
chroot_local_user=YES
```

```
chroot_list_enable=YES
chroot_list_file=/etc/vsftpd/chroot_list
pam_service_name=vsftpd
listen_port=2100
```

（2）修改"/etc/vsftpd/chroot_list"文件，将需要受到禁止切换目录限制的用户添加到此文件中，配置命令如下：

```
[root@FTPServer ~]# vim /etc/vsftpd/chroot_list
project_user1
service_user1
union_user1
```

### 3. 重启 FTP 服务

在配置完成后，通过"vsftpd"命令重启 FTP 服务，在 vsftpd 服务中，允许以修改配置文件名称的方式建立多个 FTP 站点，重启时需要在 vsftpd 服务名称后加上新配置的文件名称，配置命令如下：

```
[root@FTPServer ~]# /usr/sbin/vsftpd /etc/vsftpd/vsftpd2100.conf
```

### 任务验证

（1）在 FTP 服务器上通过"ss"命令检查端口启用情况，若看到 2100 端口已经处于监听状态，则代表 FTP 服务已经正常启动，验证命令如下：

```
[root@FTPServer ~]# ss -tlnp |grep 2100
LISTEN      0      32      *:2100      *:*          users:(("vsftpd",pid=1478,fd=3))
```

（2）在 PC1 上使用项目部专属用户"project_user1"访问 FTP 站点，通过"pwd"命令可以看到用户登录后处于家目录下，通过"mkdir"命令可以创建新目录，把"project.txt"文件下载到本地，在切换目录时，系统提示失败，验证命令如下：

```
[root@PC1 ~]# ftp 192.168.1.1 2100
Connected to 192.168.1.1 (192.168.1.1).
220 (vsFTPd 3.0.3)
Name (192.168.1.1:root): project_user1
331 Please specify the password.
Password:
230 Login successful.
Remote system type is UNIX.
Using binary mode to transfer files.
ftp> pwd
257 " /var/ftp/项目部 " is the current directory
ftp> ls
227 Entering Passive Mode (192,168,1,1,53,241).
150 Here comes the directory listing.
-rw-r--r--    1 0        0               0 Dec 28 04:36 project.txt
226 Directory send OK.
```

```
ftp> get project.txt
local: project.txt remote: project.txt
227 Entering Passive Mode (192,168,1,1,106,229).
150 Opening BINARY mode data connection for project.txt (0 bytes).
226 Transfer complete.
ftp> mkdir test
257 " /var/ftp/项目部/test" created
ftp> cd /var
550 Failed to change directory.
ftp> exit
```

# 任务 10-3　配置 FTP 服务器权限

## 任务规划

扫一扫

微课：配置 FTP 服务器权限

可以通过虚拟用户划分"工会"目录的权限。FTP 虚拟用户及权限规划如表 10-6 所示。

表 10-6　FTP 虚拟用户及权限规划

| 所属系统用户 | 虚拟用户名 | 用　户 | 站　点　目　录 | 权　　限 |
|---|---|---|---|---|
| union_user1 | xiaozhao | 小赵 | /var/ftp/部门文档中心/工会 | 可读、可写、可上传 |
| | xiaochen | 小陈 | | 只读、下载、不能上传 |
| | xiaocai | 小蔡 | | 只读、下载、不能上传 |

本任务可分解为以下几个步骤。

（1）创建 FTP 虚拟用户。

（2）修改 FTP 服务的主配置文件参数。

（3）配置 FTP 虚拟用户权限。

（4）重启 FTP 服务。

## 任务实施

### 1. 创建 FTP 虚拟用户

（1）使用"gdbmtool"命令创建存放虚拟用户的文件"login.pag"，在命令内指定虚拟用户账号和密码，配置命令如下：

```
[root@FTPServer ~]# gdbmtool /etc/vsftpd/login.pag store xiaozhao 12345
[root@FTPServer ~]# gdbmtool /etc/vsftpd/login.pag store xiaochen 12345
[root@FTPServer ~]# gdbmtool /etc/vsftpd/login.pag store xiaocai 12345
```

（2）添加虚拟用户的映射账号，创建映射账号的宿主目录。创建 FTP 根目录，配置命令如下：

```
[root@FTPServer ~]# useradd -d /var/ftp/部门文档中心/工会 -s /sbin/nologin union_
user1
[root@FTPServer ~]# chmod 744 /var/ftp/部门文档中心/工会
```

（3）为虚拟用户建立 PAM 文件，此文件将用于对虚拟用户认证的控制，配置命令如下：

```
[root@FTPServer ~]# vim /etc/pam.d/vsftpd.login
auth required pam_userdb.so db=/etc/vsftpd/login
account required pam_userdb.so db=/etc/vsftpd/login
```

以上内容通过"db=/etc/vsftpd/login"参数指定使用的虚拟用户数据库文件位置（此处不需要写 .pag 扩展名）。

## 2. 修改 FTP 服务的主配置文件参数

创建 vsftpd 服务的主配置文件，配置命令如下：

```
[root@FTPServer ~]# vim /etc/vsftpd/vsftpd2120.conf
listen=YES
anonymous_enable=NO
local_enable=YES
pam_service_name=vsftpd.login              ## 设置用于用户认证的 PAM 文件位置
guest_enable=YES                           ## 设置启用虚拟用户
guest_username=union_user1                 ## 设置虚拟用户映射的系统用户名称
user_config_dir=/etc/vsftpd/vusers_dir     ## 指定虚拟用户独立的配置文件目录
allow_writeable_chroot=YES                 ## 允许可写用户登录
listen_port=2120
```

## 3. 配置 FTP 虚拟用户权限

（1）创建虚拟用户配置文件目录，配置命令如下：

```
[root@FTPServer ~]# mkdir /etc/vsftpd/vusers_dir
```

（2）创建并设置"xiaozhao"用户的权限配置文件，配置命令如下：

```
[root@FTPServer ~]# vim /etc/vsftpd/vusers_dir/xiaozhao
virtual_use_local_privs=NO
write_enable=YES                        ## 设置虚拟用户可写入
anon_world_readable_only=NO
anon_upload_enable=YES                  ## 设置虚拟用户可上传文件
anon_mkdir_write_enable=YES             ## 设置虚拟用户可创建目录
anon_other_write_enable=YES             ## 设置虚拟用户可重命名、删除
```

（3）创建并设置"xiaochen"用户的权限配置文件，配置命令如下：

```
[root@FTPServer ~]# vim /etc/vsftpd/vusers_dir/xiaochen
virtual_use_local_privs=NO
write_enable=NO
```

```
anon_world_readable_only=NO
anon_upload_enable=NO                    ## 设置虚拟用户不可上传文件
anon_mkdir_write_enable=NO               ## 设置虚拟用户不可创建目录
anon_other_write_enable=NO              ## 设置虚拟用户不可重命名、删除
```

（4）创建并设置"xiaocai"用户的权限配置文件，配置命令如下：

```
[root@FTPServer ~]# vim /etc/vsftpd/vusers_dir/xiaocai
virtual_use_local_privs=NO
write_enable=NO
anon_world_readable_only=NO
anon_upload_enable=NO                    ## 设置虚拟用户不可上传文件
anon_mkdir_write_enable=NO               ## 设置虚拟用户不可创建目录
anon_other_write_enable=NO              ## 设置虚拟用户不可重命名、删除
```

### 4. 重启 FTP 服务

重启 FTP 服务，配置命令如下：

```
[root@FTPServer ~]# /usr/sbin/vsftpd /etc/vsftpd/vsftpd2120.conf
```

## 任务验证

（1）使用"gdbmtool"命令进入交互模式，查看 login.pag 文件内容是否正确，验证命令如下：

```
[root@FTPServer ~]# cd /etc/vsftpd
[root@localhost vsftpd]# gdbmtool
Welcome to the gdbm tool.  Type ? for help.

gdbmtool> open login.pag
gdbmtool>list
xiaozhao Jan16@123
xiaochen Jan16@123
xiaocai Jan16@123
```

（2）在 PC1 上使用"xiaozhao"用户访问 FTP 站点，可以上传文件和创建目录。"xiaochen"用户或"xiaocai"用户则只能读取文件和下载文件，验证命令如下：

```
[root@PC1 ~]# ftp 192.168.1.1 2120
Connected to 192.168.1.1 (192.168.1.1).
220 (vsFTPd 3.0.3)
Name (192.168.1.1:root): xiaozhao
331 Please specify the password.
Password:
230 Login successful.
Remote system type is UNIX.
Using binary mode to transfer files.
ftp> mkdir test
257 "/test" created
ftp> put anaconda-ks.cfg abc.cfg
```

```
local: anaconda-ks.cfg remote: abc.cfg
227 Entering Passive Mode (192,168,1,1,198,82).
150 Ok to send data.
226 Transfer complete.
1122 bytes sent in 0.00086 secs (1304.65 Kbytes/sec)
ftp> get test.txt
local: test.txt remote: test.txt
227 Entering Passive Mode (192,168,1,1,54,149).
150 Opening BINARY mode data connection for test.txt (7 bytes).
226 Transfer complete.
7 bytes received in 0.000207 secs (33.82 Kbytes/sec)
ftp> ls
227 Entering Passive Mode (192,168,1,1,229,30).
150 Here comes the directory listing.
-rw-r--r--    1 1006     1006         1122 Dec 31 11:48 abc.cfg
drwxr-xr-x    2 1006     1006         4096 Dec 31 11:47 test
-rw-r--r--    1 0        0               0 Dec 31 11:36 test.txt
226 Directory send OK.
ftp>exit
[root@PC1 ~]# ftp 192.168.1.1 2120
Connected to 192.168.1.1 (192.168.1.1).
220 (vsFTPd 3.0.3)
Name (192.168.1.10:root): xiaochen
331 Please specify the password.
Password:
230 Login successful.
Remote system type is UNIX.
Using binary mode to transfer files.
ftp> ls
227 Entering Passive Mode (192,168,1,1,221,52).
150 Here comes the directory listing.
-rw-r--r--    1 1006     1006         1122 Dec 31 11:48 abc.cfg
drwxr-xr-x    2 1006     1006         4096 Dec 31 11:47 test
-rw-r--r--    1 0        0               7 Dec 31 11:50 test.txt
226 Directory send OK.
ftp> put anaconda-ks.cfg abc2.cfg
local: anaconda-ks.cfg remote: abc2.cfg
227 Entering Passive Mode (192,168,1,1,168,130).
550 Permission denied.
ftp> mkdir test1
550 Permission denied.
ftp> get test.txt
local: test.txt remote: test.txt
227 Entering Passive Mode (192,168,1,1,37,31).
150 Opening BINARY mode data connection for test.txt (7 bytes).
226 Transfer complete.
7 bytes received in 0.000306 secs (22.88 Kbytes/sec)
```

# 练 习 与 实 践

## 一、理论习题

选择题

1．FTP 的主要功能是（　　）。

　　A．传送网上所有类型的文件　　　　B．远程登录

　　C．收发邮件　　　　　　　　　　　D．浏览网页

2．FTP 的中文含义是（　　）。

　　A．高级程序设计语言　　　　　　　B．域名

　　C．文件传输协议　　　　　　　　　D．网址

3．将文件从 FTP 服务器传输到客户端的过程称为（　　）。

　　A．upload　　　　　　　　　　　　B．download

　　C．upgrade　　　　　　　　　　　　D．update

4．以下（　　）是 FTP 服务使用的端口号？

　　A．21　　　　　　　　　　　　　　B．23

　　C．25　　　　　　　　　　　　　　D．22

5．在 vsftpd 服务的主配置文件中，出现了参数 "anonymous_enable=YES"，其的含义是（　　）。

　　A．允许匿名用户访问

　　B．允许本地用户登录

　　C．允许匿名用户上传文件

　　D．允许默认用户创建文件夹

## 二、项目实训题

1．项目背景与需求

某大学计算机学院为了方便集中管理文件，要求学院负责人安排网络管理员负责安装并配置一台 FTP 服务器，主要用于教学文件归档、常用软件共享、学生作业管理等。计算机学院网络拓扑如图 10-6 所示。

信创服务器操作系统的配置与管理（openEuler 版）

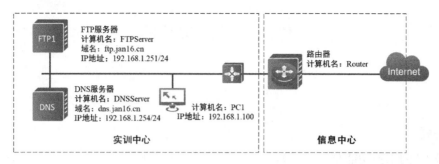

**图 10-6　计算机学院网络拓扑**

1）FTP 服务器配置和管理要求

（1）站点根目录为"/var/ftp"。

（2）在"/var/ftp"目录下创建"教师资料区""教务员资料区""辅导员资料区""学院领导资料区""资料共享中心"等文件夹，供实训中心各部门使用。

（3）为每个部门的人员创建对应的 FTP 账号和密码，FTP 账号对应的文件夹权限如表 10-7 所示。

**表 10-7　FTP 账号对应的文件夹权限**

| 账　　号 | 文　件　夹 | | | | | |
|---|---|---|---|---|---|---|
| | 教师 A 教学资料区 | 学生作业区 | 教务员资料区 | 辅导员资料区 | 学院领导资料区 | 资料共享中心 |
| Teacher_A（教师 A） | 完全控制 | 完全控制 | 无权限 | 无权限 | 无权限 | 读取 |
| Student_A（学生 A） | 无权限 | 写入 | 无权限 | 无权限 | 无权限 | 无权限 |
| Secretary（教务员） | 读取 | 读取 | 完全控制 | 无权限 | 无权限 | 读取 |
| Assistant（辅导员） | 无权限 | 无权限 | 无权限 | 完全控制 | 无权限 | 读取 |
| Soft_center（机房管理员） | 无权限 | 无权限 | 无权限 | 无权限 | 无权限 | 完全控制 |
| Download（公用） | 无权限 | 无权限 | 无权限 | 无权限 | 无权限 | 读取 |
| President（院长） | 完全控制 | 完全控制 | 完全控制 | 完全控制 | 完全控制 | 完全控制 |

2）部门的目录和账号的对应关系

部门的目录和账号的对应关系如图 10-7 所示。

3）部门的目录和账号的相关说明

（1）教师资料区：计算机学院所有教师的教学资料和学生作业存储在"教师资料区"文件夹中，为所有教师在"教师资料区"文件夹下创建对应教师姓名的目录。例如，A 教师的目录名为教师 A，在"教师 A"文件夹下再创建两个子目录，一个子目录名为"教师 A 教学资料区"，用于存放该教师的教学资料；另一个子目录名为"学生作业区"，用于存储学生作业。为每位教师分配 Teacher_A 和 Student_A 两个账号，其密码分别为 123 和 456。Teacher_A 账号对"教师 A"文件夹下的所有文件部署具有完全控制权限，而

Student_A 账号可以在该教师的"学生作业区"文件夹中上传作业，即拥有写入的权限，除此之外没有其他任何权限。教师 B、教师 C 等其他教师的 FTP 账号和文件的管理与教师 A 一样。

（2）教务员资料区：用于保存学院的常规教学文件、规章制度、通知等资料。为教务员创建一个 FTP 账号 Secretary，密码为 789。

（3）辅导员资料区：用于保存学院的学生工作的常规文件、规章制度、通知等资料。为辅导员创建一个 FTP 账号 Assistant，密码为 159。

（4）学院领导资料区：用于保存学院领导的相关文件等资料。为学院院长创建一个 FTP 账号 President，密码为 123456。

（5）资料共享中心：主要用于保存常用的软件、公共资料，以供全院师生下载。为学院机房管理员创建一个资料共享中心的 FTP 账号 Soft_center，密码为 123456，该账号对资料共享中心拥有完全控制权限；为学院创建一个资料共享中心的公用 FTP 账号 Download，密码为 Download，该账号用于全院师生下载共享资料。

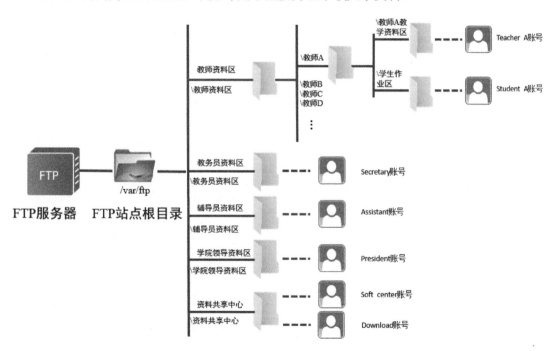

**图 10-7　部门的目录和账号的对应关系**

2．项目实施要求

（1）在客户端 PC1 上输入"ftp 192.168.1.251"，使用 Teacher_A 账号和密码登录 FTP 服务器，测试相关权限，并截图。

（2）在客户端 PC1 上输入"ftp 192.168.1.251"，使用 Student_A 账号和密码登录 FTP

服务器，测试相关权限，并截图。

（3）在客户端 PC1 上输入"ftp 192.168.1.251"，使用 Secretary 账号和密码登录 FTP 服务器，测试相关权限，并截图。

（4）在客户端 PC1 上输入"ftp 192.168.1.251"，使用 Assistant 账号和密码登录 FTP 服务器，测试相关权限，并截图。

（5）在客户端 PC1 上输入"ftp 192.168.1.251"，使用 President 账号和密码登录 FTP 服务器，测试相关权限，并截图。

（6）在客户端 PC1 上输入"ftp 192.168.1.251"，使用 Soft_center 账号和密码登录 FTP 服务器，测试相关权限，并截图。

（7）在客户端 PC1 上输入"ftp 192.168.1.251"，使用 Download 账号和密码登录 FTP 服务器，测试相关权限，并截图。

# 项目 11　部署企业的 Squid 代理服务

## 学习目标

（1）了解 Squid 的基本概念。

（2）掌握 Squid 代理服务器的安装及配置方法。

（3）掌握企业 Squid 应用的部署业务实施流程。

## 项目描述

Jan16 公司使用了防火墙的 NAT（Network Address Translation，网络地址转换）技术实现了公司内部主机上网的需求。经过一段时间的监控，运维工程师发现，使用防火墙 NAT 功能连接互联网仍然存在一定的风险。局域网内的主机在上网时仍有可能暴露或遭受黑客攻击，运维工程师还发现，局域网内部访问 Web 服务器时速度缓慢。经过上报，Jan16 公司希望运维工程师尽快解决这些问题。Jan16 公司网络拓扑如图 11-1 所示。

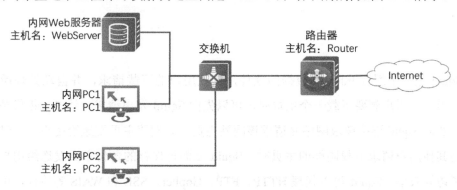

**图 11-1　Jan16 公司网络拓扑**

Jan16 公司各设备配置信息如表 11-1 所示。

**表 11-1　Jan16 公司各设备配置信息**

| 设 备 名 | 主 机 名 | 操 作 系 统 | IP 地 址 | 接　　口 |
|---|---|---|---|---|
| 内网 Web 服务器 | WebServer | openEuler | 192.168.1.20/24 | ens34 |

续表

| 设 备 名 | 主 机 名 | 操作系统 | IP 地 址 | 接 口 |
|---|---|---|---|---|
| 内网 PC1 | PC1 | openEuler | 192.168.1.10/24 | ens34 |
| 内网 PC2 | PC2 | openEuler | 192.168.2.10/24 | ens34 |
| 路由器 | Router | openEuler | 192.168.1.1/24 | ens34 |
| | | | 192.168.2.1 | ens37 |

**项目分析**

在本项目中，需要解决公司内部主机安全上网及内网加速访问 Web 服务器的问题。这两个问题可以通过部署 Squid 代理服务来解决。Squid 代理服务是一个 Web 的缓存代理服务，支持 HTTP、HTTPS、FTP 等，它可以通过缓存和重用经常请求的网页减少带宽消耗并缩短请求响应时间。另外，Squid 具有访问控制的功能，能为内网主机提供有效的安全访问控制，整体提升局域网安全性。

综上所述，本项目可以分解为以下几个工作任务。

（1）部署企业的正向代理服务。

（2）设置企业的 Squid ACL 规则。

（3）部署企业的反向代理服务。

**相关知识**

# 11.1 Squid 的基本概念

Squid 是一个缓存 Internet 数据的软件，接收用户的下载请求，并自动处理所下载的数据。当一个用户想要下载一个主页时，可以先向 Squid 发出请求，让 Squid 代替其进行下载，然后 Squid 连接请求网站并请求该网站主页，并把该主页发送给用户，同时保留备份。当其他用户请求下载同样的主页时，Squid 立即把保存的备份主页发送给用户，大幅提高了访问效率。Squid 可以代理 HTTP、FTP、Gopher、SSL 和 WAIS 等协议，可以自动进行处理，也可以根据不同的需求设置 Squid，实现按需过滤的功能。

按照代理类型的不同，可以将 Squid 代理分为正向代理和反向代理，正向代理根据实现方式的不同，又可以分为普通代理和透明代理。

## 11.2　Squid 代理服务的工作过程

### 1. Squid 代理服务器中有客户端需要的数据

当 Squid 代理服务器中有客户端需要的数据时，Squid 代理服务的工作流程（见图 11-2）如下。

（1）客户端向 Squid 代理服务器发送数据请求。

（2）Squid 代理服务器检查自己的缓存。

（3）Squid 代理服务器在缓存中找到用户想要的数据，并取出数据。

（4）Squid 代理服务器将从缓存中取得的数据转发给客户端。

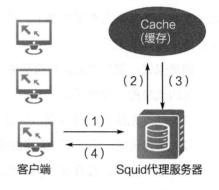

**图 11-2　Squid 代理服务的工作流程（一）**

### 2. Squid 代理服务器中没有客户端需要的数据

当 Squid 代理服务器中没有客户端需要的数据时，Squid 代理服务的工作流程（见图 11-3）如下。

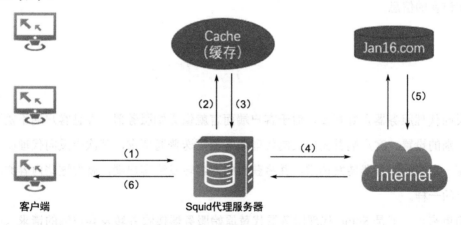

**图 11-3　Squid 代理服务的工作流程（二）**

（1）客户端向 Squid 代理服务器发送数据请求。

（2）Squid 代理服务器检查自己的缓存。

（3）Squid 代理服务器在缓存中没有找到用户需要的数据。

（4）Squid 代理服务器向 Internet 上的远端服务器发送数据请求。

（5）远端服务器响应，返回相应的数据。

（6）Squid 代理服务器将从远端服务器中取得的数据转发给客户端，并保留一份到自己的缓存中。

# 11.3　正向代理

正向代理服务器是一个位于客户端和原始服务器之间的服务器（Squid 代理服务器）。客户端必须先进行一些设置（如 Squid 代理服务器的 IP 地址和端口），将每一次的数据请求先发送到 Squid 代理服务器上，再由 Squid 代理服务器将其转发到原始服务器上并取得响应结果转发给客户端。

简单来说，就是 Squid 代理服务器代替客户端访问原始服务器（隐藏客户端）。

正向代理的主要作用如下。

（1）绕过无法访问的节点，从另一条路由路径访问原始服务器。

（2）加速访问。通过不同的路由路径提高访问速度（现在通过提高带宽等方式来提速）。

（3）缓存作用。缓存在 Squid 代理服务器中，若客户端请求的数据在缓存中，则不访问目标服务器。

（4）权限控制。防火墙授权 Squid 代理服务器访问权限，客户端通过正向代理可以通过防火墙（如一些公司采用的 ISA Server 权限判断）。

（5）隐藏访问者。通过配置，原始服务器只能获得 Squid 代理服务器的信息，无法获取真实访客的信息。

# 11.4　反向代理

反向代理服务器正好相反，对于客户端而言就像原始服务器，并且客户端不需要进行任何特别的设置。客户端首先向反向代理服务器发送普通请求，其次由反向代理服务器判断向哪一台原始服务器转发请求，并将获得的内容转发给客户端，就像这些内容原本就是它自己的一样。

简单来说，就是 Squid 代理服务器代替原始服务器接收并转发客户端的请求（隐藏原始服务器）。

反向代理的主要作用如下。

（1）隐藏原始服务器，防止原始服务器被恶意攻击等，让客户端认为 Squid 代理服务器就是原始服务器。

（2）缓存作用。对原始服务器的数据进行缓存，减小原始服务器的访问压力。

# 11.5　正向代理和反向代理的区别

虽然正向代理服务器与反向代理服务器所处的位置都是客户端和原始服务器之间，也都是先把客户端的请求转发给服务器，再把服务器的响应转发给客户端，但是二者之间还是存在一定差异的，具体如下。

（1）正向代理是客户端的代理，帮助客户端访问其无法访问的服务器资源；反向代理是服务器的代理，帮助服务器实现负载均衡、安全防护等功能。

（2）正向代理一般是为客户端部署的，如在自己的机器上安装一个代理软件；反向代理一般是为服务器部署的，如在自己的机器集群中安装一个反向代理服务器。

（3）在正向代理中，服务器不知道谁是真正的客户端，以为向自己发出请求的就是真实的客户端；在反向代理中，客户端不知道谁是真正的服务器，以为自己访问的就是真实的服务器。

（4）正向代理和反向代理的作用与目的不同。正向代理主要解决访问限制问题，而反向代理主要提供负载均衡、安全防护等功能。

# 11.6　透明代理

透明代理服务器和标准代理服务器的功能完全相同，但是其代理操作对客户端的浏览器是透明的（不需要指明 Squid 代理服务器的 IP 地址和端口），一般搭建在网络出口位置。透明代理服务器阻断网络通信，并且过滤访问外部的 HTTP 流量。客户端的请求若在本地有缓存，则将缓存数据直接发送给用户；若在本地没有缓存，则向远程 Web 服务器发出请求，其余操作和标准代理服务器完全相同。对于 openEuler 操作系统来说，透明代理使用 iptables 或 ipchains 实现。因为不需要对浏览器进行任何设置，所以透明代理对于 ISP 特别有用。

# 11.7　Squid ACL

Squid 提供了强大的代理控制机制，通过合理设置访问控制列表（Access Control List，ACL）进行限制，可以针对源地址、目标地址、访问的 URL 路径、访问的时间等条件进行过滤。

### 1．ACL 访问控制的步骤

（1）使用"acl"配置项定义需要控制的条件。

（2）通过"http_access"配置项对已定义的 ACL 进行"允许"或"拒绝"访问的控制。

（3）Squid 使用"allow-deny-allow-deny"顺序套用规则，在进行规则匹配时，若所有的 ACL 没有定义相关规则，而最后一条规则为"deny"，则 Squid 默认的下一条处理规则为"allow"，采用与最后一条规则相反的权限，最后反而让被限制的网络或用户可以对服务或网络进行访问，所以在进行 ACL 限制时，为避免出现找不到相匹配的规则的情况，一般设置最后一条规则为"http_access deny all"，并且设置源地址为 0.0.0.0。

### 2．ACL 用法概述

（1）定义 ACL，书写格式如下：

```
acl 列表名称 列表类型 列表内容…
```

（2）常见的 ACL 参数及其含义如表 11-2 所示。

**表 11-2　常见的 ACL 参数及其含义**

| 参　　数 | 含　　义 |
| --- | --- |
| src | 源地址 |
| dst | 目的地址 |
| port | 目标端口 |
| dstdomain | 目标域 |
| time | 一天中的时刻和一周内的一天 |
| maxconn | 最大并发连接数 |
| url_regex | 目标 URL 地址 |
| urlpath_regex | 整个目标 URL 路径（具体到某个页面） |

### 3．ACL 控制访问

（1）定义各类的 ACL 后，需要使用"httpd_access"配置项进行控制，书写格式如下：

```
http_access allow/deny 列表名称 . . .
```

（2）在每条"http_access"规则中，可以同时包含多个列表名称，各列表名称之间用空格进行分隔，相当于"and"的关系，表示必须满足所有列表对应的条件才会进行限制。

## 11.8　Squid 代理服务常用的配置文件及参数

Squid 代理服务的所有设定都包含在主配置文件"/etc/squid/squid.conf"中，通过主配置文件的参数设置可实现 Squid 代理服务器的绝大部分功能，如 ACL、正向代理、反向代理、透明代理等。

主配置文件"/etc/squid/squid.conf"部分输出的代码如下：

```
#
# Recommended minimum configuration:
#

# Example rule allowing access from your local networks.
# Adapt to list your (internal) IP networks from where browsing
# should be allowed
acl localnet src 0.0.0.1-0.255.255.255 # RFC 1122 "this" network (LAN)
acl localnet src 10.0.0.0/8            # RFC 1918 local private network (LAN)
acl localnet src 100.64.0.0/10         # RFC 6598 shared address space (CGN)
acl localnet src 169.254.0.0/16 # RFC 3927 link-local (directly plugged) machines
acl localnet src 172.16.0.0/12         # RFC 1918 local private network (LAN)
acl localnet src 192.168.0.0/16        # RFC 1918 local private network (LAN)
acl localnet src fc00::/7              # RFC 4193 local private network range
acl localnet src fe80::/10 # RFC 4291 link-local (directly plugged) machines

acl SSL_ports port 443
acl Safe_ports port 80         # http
acl Safe_ports port 21         # ftp
acl Safe_ports port 443        # https
......
http_access allow localnet
http_access allow localhost

# And finally deny all other access to this proxy
http_access deny all

# Squid normally listens to port 3128
http_port 3128

# Uncomment and adjust the following to add a disk cache directory.
#cache_dir ufs /var/spool/squid 100 16 256

# Leave coredumps in the first cache dir
coredump_dir /var/spool/squid

#
# Add any of your own refresh_pattern entries above these.
#
refresh_pattern ^ftp:            1440    20%     10080
refresh_pattern ^gopher:         1440    0%      1440
refresh_pattern -i (/cgi-bin/|\?) 0      0%      0
refresh_pattern .                0       20%     4320
```

主配置文件的常用参数及解析如表 11-3 所示。

信创服务器操作系统的配置与管理（openEuler 版）

表 11-3　主配置文件的常用参数及解析

| 参　　数 | 解　　析 |
| --- | --- |
| acl all src 0.0.0.0/0.0.0.0 | 允许所有 IP 访问 |
| acl manager proto http | manager URL 协议为 HTTP |
| acl localhost src 127.0.0.1/255.255.255.255 | 允许本机 IP 访问代理服务器 |
| acl to_localhost dst 127.0.0.1 | 允许目的地址为本机 IP 地址 |
| acl Safe_ports port 80 | 允许安全更新的端口号为 80 |
| acl CONNECT method CONNECT | 请求方法为 CONNECT |
| acl OverConnLimit maxconn 16 | 限制每个 IP 最大允许 16 个连接 |
| icp_access deny all | 禁止从邻居服务器缓存内发送和接收 ICP 请求 |
| miss_access allow all | 允许直接更新请求 |
| ident_lookup_access deny all | 禁止 lookup 检查 DNS |
| http_port 8080 transparent | 指定 Squid 监听浏览器客户请求的端口号 |
| fqdncache_size 1024 | FQDN 高速缓存大小 |
| maximum_object_size_in_memory 2 MB | 允许最大的文件载入内存 |
| memory_replacement_policy heap LFUDA | 内存替换策略 |
| max_open_disk_fds 0 | 允许最大打开文件数量，参数为 0 代表无限制 |
| minimum_object_size 1 KB | 允许最小文件请求体大小 |
| maximum_object_size 20 MB | 允许最大文件请求体大小 |
| cache_swap_high 95 | 最多允许使用交换分区缓存的 95% |
| access_log /var/log/squid/access.log squid | 定义日志存储记录的路径 |
| cache_store_log none | 禁止 store 日志 |
| icp_port 0 | 指定 Squid 从邻居服务器缓存内发送和接收 ICP 请求的端口号 |
| coredump_dir /var/log/squid | 定义 dump 的目录 |
| ignore_unknown_nameservers on | 开启反 DNS 查询，当域名地址不相同时，禁止访问 |
| always_direct allow all | 当缓存丢失或不存在时，允许所有请求直接转发到原始服务器 |

 项目实施

# 任务 11-1　部署企业的正向代理服务

 任务规划

  Squid 正向代理服务能较好地保护和隐藏内网的 IP 地址，在本任务中需要在担任路由角色的服务器上部署 Squid 正向代理服

扫一扫

微课：部署企业的正向代理服务器

务。Squid 正向代理服务配置规划如表 11-4 所示。

**表 11-4　Squid 正向代理服务配置规划**

| 设 备 名 称 | 代 理 类 型 | 监听端口号 | 访 问 限 制 |
|---|---|---|---|
| Router | 正向代理 | 3128 | 允许所有 |

本任务可分解为以下两个步骤。

（1）配置 Squid 正向代理服务。

（2）重启 Squid 正向代理服务。

## 任务实施

### 1. 配置 Squid 正向代理服务

（1）在 Router 上使用"yum"命令配置 Squid 正向代理服务，配置命令如下：

```
[root@Router ~]# yum -y install squid
```

（2）在 Router 上修改 Squid 正向代理服务的主配置文件。Squid 正向代理服务的主配置文件名为"/etc/squid/squid.conf"。在该配置文件中，需要修改"http_port"的端口号为 3128，配置"http_ access"允许的范围为 all，配置命令如下：

```
[root@Router ~]# vim /etc/squid/squid.conf
http_port 3128
http_access allow all
```

### 2. 重启 Squid 代理服务

在 Squid 正向代理服务的主配置文件修改完成后，需要重启 Squid 正向代理服务，并设置为开机自启动，配置命令如下：

```
[root@Router ~]# systemctl restart squid
[root@Router ~]# systemctl enable squid
```

## 任务验证

（1）在 Router 上使用"systemctl"命令查看 Squid 正向代理服务状态，验证命令如下：

```
[root@Router ~]# systemctl status squid
● squid.service - Squid caching proxy
    Loaded: loaded (8;;file://DNS/usr/lib/systemd/system/squid.service /
usr/lib/systemd/system/>
    Active: active (running) since Tue 2021-12-28 16:44:39 CST; 25s ago
    Process: 9460 ExecStartPre=/usr/libexec/squid/cache_swap.sh
(code=exited, status=0/SUCCESS)
    Process: 9466 ExecStart=/usr/sbin/squid $SQUID_OPTS -f $SQUID_CONF
(code=exited, status=0/SUC>
```

```
   Main PID: 9469 (squid)
      Tasks: 3 (limit: 8989)
     Memory: 13.1M
     CGroup: /system.slice/squid.service
             ├── 9469 /usr/sbin/squid -f /etc/squid/squid.conf
             ├── 9471 (squid-1) --kid squid-1 -f /etc/squid/squid.conf
             └── 9479 (logfile-daemon) /var/log/squid/access.log

12 月 28 16:44:14 DNS systemd[1]: Starting Squid caching proxy...
12 月 28 16:44:39 DNS squid[9469]: Squid Parent: will start 1 kids
12 月 28 16:44:39 DNS squid[9469]: Squid Parent: (squid-1) process 9471 started
12 月 28 16:44:39 DNS systemd[1]: Started Squid caching proxy.
```

（2）在内网 PC1 的浏览器上配置 Squid 正向代理服务器的 IP 地址 192.168.1.1，端口号为 3128，如图 11-4 所示。

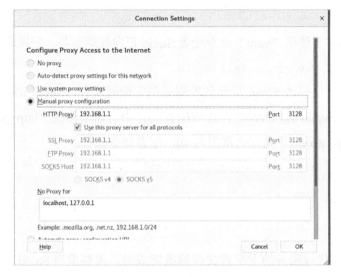

图 11-4　配置 Squid 正向代理服务器的 IP 地址和端口号

（3）配置完成后，使用浏览器访问"https://www.baidu.com"站点成功，如图 11-5 所示。

图 11-5　内网 PC1 成功访问站点

# 任务 11-2　设置企业的 Squid ACL 规则

扫一扫

微课：设置企业 SquidACL
规则

## 任务规划

为了提高内网安全性，运维工程师计划使用 Squid ACL 功能对客户端的网络行为进行限制，限制规则如表 11-5 所示。

表 11-5　限制规则

| 设备名称 | 限制规则 |
| --- | --- |
| Router | 禁止所有用户访问域名为 "https://www.baidu.com" 的网站 |
|  | 禁止 192.168.2.0/24 网段内的所有终端在星期一到星期五的 9:00 到 18:00 访问 Internet 资源 |

本任务可分解为以下两个步骤。

（1）配置 Squid 代理服务。

（2）重启 Squid 代理服务。

## 任务实施

### 1. 配置 Squid 代理服务

在 Squid 代理服务的主配置文件中，按规划内容写入 ACL 规则，该配置文件中的每条 ACL 规则对应一个 http_access 声明，配置命令如下：

```
[root@Router ~]# vim /etc/squid/squid.conf
acl badurl url_regex -i baidu.com
acl clientnet src 192.168.2.0/24
acl worktime time MTWHF 9:00-18:00
http_access deny badurl
http_access deny clientnet worktime
## 一条 ACL 规则默认语法为 acl [ACL_Name] [time] [day-abbrevs] [h1:m1-h2:m2]
## 其中 day-abbrevs 可以为 M、T、W、H、F、A、S，代表星期一到星期日
```

### 2. 重启 Squid 代理服务

在 Router 上重启 Squid 代理服务，配置命令如下：

```
[root@Router ~]# systemctl restart squid
```

## 任务验证

（1）在内网 PC2 的浏览器上配置 Squid 代理服务器的 IP 地址为 192.168.1.1，端口号为 3128，如图 11-6 所示。

**图 11-6　配置 Squid 代理服务器的 IP 地址和端口号**

（2）在内网 PC1 上尝试访问"https://www.baidu.com"，若禁止用户访问站点的 ACL 规则生效，则会提示 Squid 代理服务器拒绝连接，如图 11-7 所示。

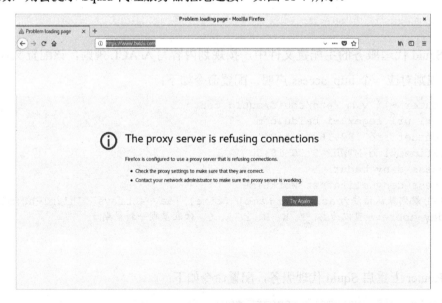

**图 11-7　内网 PC1 无法访问站点**

（3）在内网 PC2 上使用 Squid 代理服务器上网，在星期一到星期五的 9:00 到 18:00 均无法上网，提示信息为 Squid 代理服务器拒绝访问，则说明针对"192.168.2.0/24"网段的 ACL 规则应用成功，如图 11-8 所示。

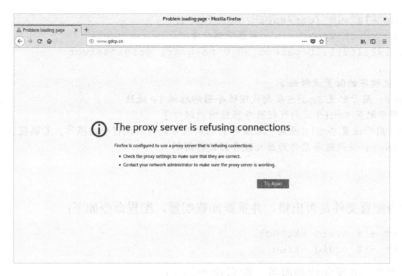

**图 11-8　内网 PC2 无法在规定时间内访问外部网络**

# 任务 11-3　部署企业的反向代理服务

## 任务规划

扫一扫

微课：部署企业的反向代理服务器

Squid 反向代理服务可以减轻内网 Web 服务器的负担，在本任务中需要部署 Squid 反向代理服务，使客户端可以通过访问 Squid 反向代理服务器的 IP 地址浏览内网 Web 服务器提供的网站内容。Squid 反向代理服务配置规划如表 11-6 所示。

**表 11-6　Squid 反向代理服务配置规划**

| 设 备 名 称 | 代 理 类 型 | 监听端口号 | 后端 IP 地址 | 代理响应方式 |
| --- | --- | --- | --- | --- |
| Router | 反向代理 | 80 | 192.168.1.20/24 | no-query |

本任务可分解为以下两个步骤。

（1）配置 Squid 反向代理服务。

（2）重启 Squid 反向代理服务。

## 任务实施

### 1. 配置 Squid 反向代理服务

配置 Squid 反向代理服务器，配置命令如下：

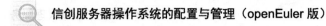

```
[root@Router ~]# vim /etc/squid/squid.conf
http_port 80 vhost vport        #监听端口号
cache_peer 192.168.1.20 parent 80 0 no-query originserver

##在文件中，关键字的配置注释如下
##cache_peer：用于配置 Squid 反向代理服务器的后端 IP 地址
##parent：用于配置 Squid 反向代理服务器监听的端口号
##no-query：用于设置 Squid 反向代理服务器的响应方式为不执行查询操作，直接获取后端数据
##originserver：使此服务器作为原始服务器进行解析
```

### 2. 重启 Squid 反向代理服务

（1）检查配置文件是否出错，并重新加载配置，配置命令如下：

```
[root@Router ~]# squid -kcheck
[root@Router ~]# squid -krec
```

（2）重启 Squid 反向代理服务，配置命令如下：

```
[root@Router ~]# systemctl restart squid
```

### 任务验证

在内网 PC1 上配置 Squid 反向代理服务完成后，先重启浏览器，再访问"http://192.168.1.1"，可以正常访问内网 Web 站点，如图 11-9 所示。

图 11-9　内网 PC1 成功访问内网 Web 站点

**练 习 与 实 践**

一、理论题

选择题

1．Squid 代理支持如下（　　　）协议。

　　A．Samba　　　B．NFS　　　　　C．NFS　　　　　D．HTTPS

2．系统管理员在某服务器上写入了以下（　　　）Squid 代理服务配置项。

　　A．http_port 3128

　　B．acl aaa src 192.168.11.0/24

　　C．acl bbb time MTWHFS 10:00-18:00

　　D．http_access deny aaa bbb

3．根据下列 ACL 规则，以下说法正确的是（　　　）。

```
acl clientnet src 192.168.2.0/24
acl worktime time MTWHF 9:00-12:00
http_access deny clientnet worktime
```

　　A．客户端应使用的 Squid 代理服务器的端口号为 80

　　B．若某客户端的 IP 地址为 192.168.1.1/24，那么此客户端在星期日的 10:30 不可以上网

　　C．若某客户端的 IP 地址为 192.168.1.1/24，那么此客户端在星期日的 10:30 可以上网

　　D．在配置文件中，系统管理员使用了两条名为 deny 的 ACL 规则

4．当 Squid 代理服务器检查缓存后发现没有客户端请求的数据时，如下的工作过程排序正确的是（　　　）。

a．Squid 代理服务器向 Internet 上的远端服务器发送数据请求

b．Squid 代理服务器取得远端服务器的数据，转发给客户端，并保留一份到自己的缓存中

c．远端服务器响应，返回相应的数据

　　A．bac　　　　B．acb　　　　　C．abc　　　　D．bca

5．关于 Squid 的正向代理与反向代理，以下说法正确的是（　　　）。

　　A．反向代理服务器是一个位于客户端和原始服务器之间的服务器

　　B．对于客户端而言，正向代理服务器就像原始服务器，客户端不需要进行任何

特别的设置

C．正向代理的作用是隐藏原始服务器，防止服务器被恶意攻击等

D．正向代理具有缓存作用和权限控制功能

## 二、项目实训题

### 1．项目背景与需求

Jan16 公司网络拓扑如图 11-10 所示。在该网络拓扑中划分了 VLAN 11、VLAN 12 两个网段，网络地址分别为 172.20.0.0/24、172.21.0.0/24。Jan16 公司规划在路由器上部署 Squid 代理服务，以实现公司内网 PC 能通过 Squid 代理服务上网，同时能快速地访问内网 Web 服务器。

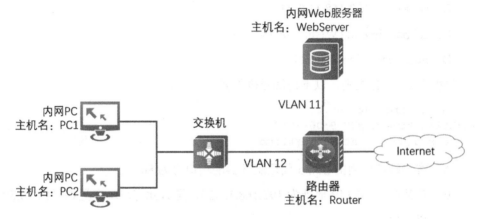

图 11-10　Jan16 公司网络拓扑

### 2．项目要求

（1）根据网络拓扑分析网络需求，将相关规划信息填入表 11-7，并按规划配置计算机，实现全网互联。

表 11-7　IP 地址及端口互联规划

| 设 备 名 称 | 计算机名称 | IP 地址 / 子网掩码 | 端 口 号 | 网 关 地 址 |
|---|---|---|---|---|
|  |  |  |  |  |
|  |  |  |  |  |
|  |  |  |  |  |

（2）配置路由器，使用 Squid 正向代理的方式实现内网 PC 通过 Squid 代理服务上网。Squid 正向代理服务器监听的端口号为 6555。截取两台内网 PC 使用 Squid 代理服务访问外网中的 "https://cn.bing.com" 的结果。

（3）配置内网 Web 服务器，将站点相关规划信息填入如表 11-8 并创建一个 Web 站点。截取在内网 PC1 上执行 "time curl http://localhost" 命令的结果。

**表 11-8　Web 站点配置信息**

| 配 置 名 称 | 配 置 信 息 |
|---|---|
| 监听端口 | |
| 站点目录 | |
| 站点内容 | |

（4）配置路由器，使用 Squid 反向代理的方式实现内网 PC 加速访问 Web 站点。设置内网 PC2 时禁止通过 Squid 代理服务器访问 Web 站点。分别截取在内网 PC1 上执行 "time curl http://[WEB 站点 IP]" 命令的结果和在内网 PC2 上通过浏览器访问 Web 站点的结果。

# 项目 12　部署企业的邮件服务

## 学习目标

（1）掌握 POP3 和 SMTP 的概念与应用。

（2）掌握邮件系统的工作原理与应用。

（3）掌握 Postfix 服务和 Dovecot 服务的部署与应用。

（4）掌握企业网邮件服务的部署业务实施流程。

## 项目描述

Jan16 公司员工早期都使用个人邮箱与客户沟通，若公司发生人事变动，则客户再通过原邮件地址同公司联系时会沟通不畅，导致客户体验变差，甚至客户流失。为此，Jan16 公司期望部署企业的邮件服务，统一邮件地址，实现岗位与企业邮件系统的对接，确保人事变动不影响客户与公司的邮件沟通。Jan16 公司邮件服务网络拓扑如图 12-1 所示。

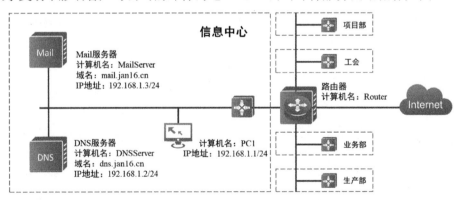

图 12-1　Jan16 公司邮件服务网络拓扑

## 项目分析

部署企业的邮件服务需要在服务器上安装邮件服务器软件，目前被广泛采用的邮件服务器软件有 WinWebMail、Microsoft Exchange、POP3 和 SMTP 等。

邮件需要使用域名进行通信,因此邮件服务需要 DNS 服务器的支持,网络管理员在安装了 openEuler 操作系统的服务器上配置 Postfix 服务和 Dovecot 服务,并在 DNS 服务器上注册邮件服务相关域名信息即可搭建一个简单的邮件系统。

本项目具体可分解为以下几个工作任务。

(1)配置 Postfix 服务。

(2)配置 Dovecot 服务。

(3)为 DNS 服务器添加邮件域名主机记录。

## 相关知识

邮件服务是互联网中重要的服务之一,几乎所有的互联网用户都有自己的邮件地址。邮件服务可以实现用户间的交流与沟通、身份验证、电子支付等,大部分 ISP 均提供了免费的邮件服务功能,邮件系统基于 IMAP 和 SMTP 工作。

# 12.1  POP3、SMTP 与 IMAP

### 1. POP3

邮局协议版本 3(Post Office Protocol-Version 3,POP3)工作在应用层,支持使用邮件客户端远程管理邮件服务器上的邮件。用户调用邮件客户端(如 Foxmail、雷鸟)连接到邮件服务器,会自动下载所有未阅读的邮件,并将邮件从邮件服务器下载并存储到用户的本地计算机上,以便用户“离线”处理邮件。

### 2. SMTP

简单邮件传输协议(Simple Mail Transfer Protocol,SMTP)工作在应用层,它基于 TCP 提供可靠的数据传输服务,把邮件从发信人的邮件服务器传送到收信人的邮件服务器。

邮件系统在发邮件时根据收信人的地址后缀来定位目标邮件服务器,SMTP 服务器基于 DNS 中的邮件交换(MX)记录来确定路由,通过邮件传输代理程序将邮件传送到目的地。

### 3. IMAP

交互邮件访问协议(Interactive Mail Access Protocol,IMAP)是应用层协议,运行在

TCP/IP 协议之上，使用 143 端口，加密时使用 993 端口，主要作用是使邮件客户端通过该协议从邮件服务器上获取邮件信息、下载邮件等。用户不用下载所有的邮件，可以通过邮件客户端直接对邮件服务器上的邮件进行操作。

### 4. POP3 和 SMTP 的区别与联系

POP3 允许用户通过邮件客户端下载邮件服务器上的邮件，但是在邮件客户端上的操作（如移动邮件、标记已读等）不会反馈到邮件服务器上，如通过邮件客户端接收了邮箱中的 3 封邮件并将其移动到其他文件夹中，邮件服务器上的这些邮件是没有同时被移动的。

SMTP 控制如何传送邮件，是一组用于从源地址到目的地址传输邮件的规范，它帮助计算机在发送或中转邮件时找到下一个目的地，通过 Internet 将邮件发送到目的地。SMTP 服务器就是遵循 SMTP 的邮件发送服务器。

SMTP 服务器在邮件服务器之间发送和接收邮件，而 POP3 服务器将邮件从邮件服务器下载并存储到用户的本地计算机上。

### 5. POP3 和 IMAP 的区别与联系

POP3 和 IMAP 是邮件访问最为普遍的 Internet 标准协议。现代的邮件客户端和邮件服务器都对两者给予支持。与 POP3 类似，IMAP 也提供面向用户的邮件接收服务，常用的版本是 IMAP4。

IMAP4 改进了 POP3 的不足，用户可以通过浏览信件头决定是否接收、删除和检索邮件的特定部分，还可以在邮件服务器上创建或更改文件夹或邮箱。除支持 POP3 的脱机操作模式以外，它还支持联机操作模式和断连接操作模式，为用户提供了有选择地从邮件服务器接收邮件的功能，以及基于邮件服务器的信息处理功能和共享邮箱功能。IMAP4 的脱机操作模式不同于 POP3，不会自动删除在邮件服务器上已接收的邮件，其联机操作模式和断连接操作模式同样将邮件服务器作为"远程文件服务器"进行访问，更加灵活、方便。

IMAP4 的这些特性使其非常适用于在不同的计算机或终端之间操作邮件（如可以在手机、PAD、PC 上使用邮件代理程序操作同一个邮箱），以及同时使用多个邮箱的场合。

## 12.2　邮件系统及其工作原理

### 1. 邮件系统概述

邮件系统由以下三个组件构成：POP3 邮件客户端、SMTP 服务器及 POP3 服务器。邮件系统的组件描述如表 12-1 所示。

表 12-1　邮件系统的组件描述

| 组　　件 | 描　　述 |
|---|---|
| POP3 邮件客户端 | POP3 邮件客户端是用于读取、编写及管理邮件的软件。<br>POP3 邮件客户端首先从邮件服务器中检索邮件，并将其传送到用户的本地计算机上，其次由用户进行管理。例如，雷鸟就是一种 POP3 邮件客户端 |
| SMTP 服务器 | SMTP 服务器是使用 SMTP 将邮件从发件人路由到收件人的邮件传输系统。<br>POP3 服务器使用 SMTP 服务器作为邮件传输系统，用户在 POP3 邮件客户端编写邮件。当用户通过 Internet 连接到邮件服务器时，SMTP 服务器将提取邮件，并通过 Internet 将其传送到收件人的邮件服务器中 |
| POP3 服务器 | POP3 服务器是使用 POP3 将邮件从邮件服务器下载并存储到用户的本地计算机上的邮件检索系统。<br>用户邮件客户端和邮件服务器之间的连接是由 POP3 控制的。 |

## 2. 邮件系统的工作原理

图 12-2 所示为邮件系统案例，下面具体说明邮件系统的工作原理。

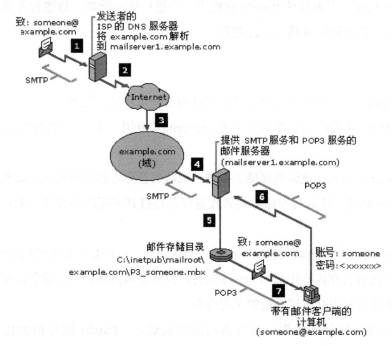

图 12-2　邮件系统案例

（1）用户通过邮件客户端将邮件发送到 someone@example.com。

（2）SMTP 服务器提取该邮件，并通过域名 example.com 获知该域的邮件服务器域名为 mailserver1.example.com，将该邮件发送到 Internet，目的地址为 mailserver1.example.com。

（3）将邮件发送给 mailserver1.example.com 邮件服务器，该邮件服务器是运行 POP3 服务的邮件服务器。

（4）someone@example.com 的邮件由 mailserver1.example.com 邮件服务器接收。

（5）mailserver1.example.com 将邮件转到邮件存储目录，每个用户有一个专门的邮件存储目录。

（6）用户"someone"连接到运行 POP3 服务的邮件服务器，POP3 服务器会先验证用户"someone"的账号和密码身份验证凭据，再决定接受或拒绝该连接。

（7）如果连接成功，那么用户"someone"的所有邮件将被从邮件服务器下载并存储到该用户的本地计算机上。

# 12.3　Postfix

Postfix 是一个功能强大且易于配置的邮件服务器。Postfix 由 Postfix RPM 软件包提供，是由多个合作程序组成的模块化程序，每个模块完成特定的功能，使得系统管理员可以灵活地组合这些模块。大多数的 Postfix 进程由一个进程统一管理，该进程在有需要的时候调用其他进程，这个进程就是 master 进程。

## 1. Postfix 的邮件队列

Postfix 有四种不同的邮件队列，并且由队列管理进程统一管理。

（1）maildrop 队列：本地邮件存储在 maildrop 队列中，同时也被复制到 incoming 队列中。

（2）incoming 队列：该队列存储正在到达或队列管理进程尚未发现的邮件。

（3）active 队列：该队列存储队列管理进程已经打开并正准备投递的邮件，该队列有长度的限制。

（4）deferred 队列：该队列存储不能被投递的邮件，可能是推迟收送的文件。

队列管理进程仅在内存中保留 active 队列，并且对该队列的长度进行限制，目的是避免队列管理进程运行内存超过系统的可用内存。

Postfix 对邮件风暴的处理：当有新的邮件到达时，Postfix 进行初始化，初始化时 Postfix 只能同时接收两个并发连接请求。当邮件投递成功后，可以同时接收的并发连接请求的数目会缓慢增长至一个可以配置的值。当然，若这时系统的消耗已到达系统不能承受的负载，则会停止增长。此外，若 Postfix 在处理邮件过程中遇到了问题，则该值也会降低。

当接收到的新邮件的数量超过 Postfix 的投递能力时，Postfix 会暂时停止投递 deferred 队列中的邮件而处理新接收到的邮件，这是因为处理新邮件的延迟要小于处理 deferred 队列中的邮件的延迟。Postfix 会在空闲时处理 deferred 队列中的邮件。

Postfix 对无法投递的邮件的处理：当一封邮件第一次不能成功投递时，Postfix 会给该邮件贴上一个将来时间邮票。邮件队列管理进程会忽略贴有将来时间邮票的邮件。当时间邮票到期时，Postfix 会尝试对该邮件再进行一次投递，如果这次投递再次失败，那么Postfix 就给该邮件贴上一个两倍于上次邮票时间的时间邮票，等时间邮票到期时再次进行投递，以此类推。当然，经过一定次数的尝试之后，Postfix 会放弃投递该邮件，同时返回一个错误信息给该邮件的发件人。

Postfix 对目的地不可到达的邮件的处理：Postfix 会在内存中保存一个有长度限制的、当前不可到达的地址列表，这样就避免了对那些目的地为当前不可到达地址的邮件的投递尝试，从而大幅提高了系统的性能。

### 2．Postfix 的安全性

Postfix 通过一系列的措施来提高系统的安全性，主要措施如下。

（1）动态分配内存，防止系统缓冲区溢出。

（2）对大邮件进行分割处理，投递时再重组。

（3）Postfix 的各种进程不在其他用户进程的控制之下运行，而运行在驻留主进程，即master 进程的控制之下，与其他用户进程无父子关系，所以有很好的绝缘性。

（4）Postfix 的队列文件有其特殊的格式，只能被 Postfix 本身识别。

## 12.4  Dovecot

Dovecot 是一个开源的 IMAP 和 POP3 邮件服务器，支持 Linux/UNIX 操作系统。

POP3/IMAP 是 MUA 从邮件服务器中读取邮件时使用的协议。其中，POP3 用于从邮件服务器下载邮件，而 IMAP 则用于将邮件留在服务器中直接对邮件进行管理和操作。

Dovecot 使用可插拔身份认证模块（Pluggable Authentication Module，PAM）进行身份认证，以便识别并验证系统用户，只有通过认证的用户才被允许从邮箱中接收邮件。对于以 RPM 方式安装的 Dovecot，会自动建立该 PAM 文件，CentOS 8 系统可通过"yum"命令安装 Dovecot 软件。

## 12.5  Postfix 服务常用的配置文件及参数

Postfix 服务主要包括四个基本的配置文件："main.cf"文件为主配置文件；"install.

cf"文件中包含安装过程中安装程序产生的 Postfix 初始化设置信息；"master.cf"文件是 Postfix 的 master 进程的配置文件，该文件中的每一行都是配置 Postfix 的组件进程的运行方式；"postfix-script"文件中包含 Postfix 命令，以便在 Linux 环境中安全地执行这些 Postfix 命令。

"main.cf"文件中配置的格式为由等号连接参数和参数值，如 myhostname=mail.jan16.cn，修改该文件后，需要重新读取配置。"main.cf"文件中的常见参数及其解析如表 12-2 所示。

表 12-2  "main.cf"文件中的常见参数及其解析

| 参　　数 | 解　　析 |
|---|---|
| myorigin | 指定发件人所属域名 |
| mydestination | 指定收件人所属域名，默认使用本地主机名 |
| notify_classes | 指定向 Postfix 管理员报告错误时的信息级别，默认值为 resource 和 software。resource：将由资源错误导致的不可投递的错误信息发送给 Postfix 管理员。software：将由软件错误导致的不可投递的错误信息发送给 Postfix 管理员 |
| myhostname | 指定运行 Postfix 邮件系统的主机名 |
| mydomain | 指定本机邮件服务器的域名 |
| mynetworks | 指定本机所在网络的地址，Postfix 服务器根据该参数值判定用户是远程用户还是本地用户 |
| inet_interfaces | 指定 Postfix 服务器监听的网络端口，默认监听所有端口 |
| home_mailbox = Maildir/ | 指定用户邮箱目录 |
| relay_domains | 设置邮件转发的地址 |
| data_directory = /var/lib/postfix | 缓存的位置 |
| queue_directory= /var/spool/postfix | 本地邮箱队列路径 |

# 12.6  Dovecot 服务常用的配置文件及参数

## 1．/etc/dovecot/dovecot.conf 文件（主配置文件）

Dovecot 服务的主配置文件中的常用参数及其解析如表 12-3 所示。

表 12-3  Dovecot 服务的主配置文件中的常用参数及其解析

| 参　　数 | 解　　析 |
|---|---|
| listen | 监听的网段或主机地址，"*"代表监听 IPv4 地址，"::"代表监听 IPv6 地址 |
| protocols | 支持的协议类型 |
| base_dir | 默认存储数据的目录位置 |
| instance_name | 实例的名称 |
| login_greeting | 用户登录提示的问候语 |
| login_trusted_networks | 允许的网络范围，不同网段之间用逗号进行分隔 |

| 参　　数 | 解　　析 |
| --- | --- |
| shutdown_clients | 当 Dovecot 主进程关闭时，是否终止所有进程 |
| !include conf.d/*.conf | conf.d 目录下以 conf 结尾的文件均有效 |

## 2．/etc/dovecot/conf.d/10-auth.conf 文件（认证配置文件）

Dovecot 服务的认证配置文件中的常用参数及其解析如表 12-4 所示。

表 12-4　Dovecot 服务的认证配置文件中的常用参数及其解析

| 参　　数 | 解　　析 |
| --- | --- |
| disable_plaintext_auth | 是否禁用明文传输，默认值为 YES，代表禁用明文传输，即启用密文传输 |
| auth_cache_size | 身份验证缓存大小，默认值为 0，代表禁用该功能 |
| auth_cache_ttl | 验证缓存的存活时间，默认值为 1h |
| auth_username_translation | 验证的用户名称进行转义 |
| auth_anonymous_username | 设置匿名访问的用户名称，默认值为 anonymous |
| auth_worker_max_count | 设置最大的工作连接数，默认值为 30 |
| auth_mechanisms | 默认的认证机制，默认仅使用 plain 机制 |

## 3．/etc/dovecot/conf.d/10-mail.conf 文件（邮箱配置文件）

Dovecot 服务的邮箱配置文件中的常用参数及其解析如表 12-5 所示。

表 12-5　Dovecot 服务的邮箱配置文件中的常用参数及其解析

| 参　　数 | 解　　析 |
| --- | --- |
| mail_location | 指定邮件存储的位置 |
| inbox | 是否只能拥有一个收件箱 |
| first_valid_uid | 首个有效的 UID |
| first_valid_gid | 首个有效的 GID |
| mail_plugins | 指定邮件服务的插件列表 |

## 4．/etc/dovecot/conf.d/10-master.conf 文件（master 组件配置文件）

Dovecot 服务的 master 组件配置文件格式如下：

```
配置项 {
参数: 值
参数: 值
}
```

## 5．Dovecot 中的全局变量名称及其描述

Dovecot 中的全局变量名称及其描述如表 12-6 所示。

表 12-6 Dovecot 中的全局变量名称及其描述

| 全局变量名称 | 描 述 |
|---|---|
| env：＜名称＞ | 环境变量＜名称＞ |
| uid | 当前进程的有效 UID。注意：对于邮件服务用户使用变量，当前配置会被覆盖 |
| gid | 当前进程的有效 GID。注意：对于邮件服务用户使用变量，当前配置会被覆盖 |
| pid | 当前进程的 PID（如登录或 IMAP/POP3 进程） |
| 主机名 | 主机名（无域），可以用 DOVECOT_HOSTNAME 环境变量覆盖 |

 项目实施

# 任务 12-1  配置 Postfix 服务

## 任务规划

根据 Jan16 公司邮件服务网络拓扑，在 Jan16 公司邮件服务器上配置 Postfix 服务，实现邮件服务的部署。

本任务具体可分解为以下两个步骤。

（1）在邮件服务器上配置 Postfix 服务。

（2）配置邮件服务，并创建邮件用户。

扫一扫

微课：部署及配置 Postfix
电子邮件服务

## 任务实施

### 1. 在邮件服务器上配置 Postfix 服务

（1）设置本机的主机名为 mail.jan16.cn，配置命令如下：

```
[root@mail ~]# hostnamectl set-hostname mai.jan16.cn
[root@mail ~]# bash
[root@mail ~]# hostname
mail.jan16.cn
```

（2）修改 /etc/hosts 文件，使用本地的方式解析域名，配置命令如下：

```
[root@mail ~]# vim /etc/hosts
127.0.0.1    localhost localhost.localdomain localhost4 localhost4.localdo-
main4
::1          localhost localhost.localdomain localhost6 localhost6.localdo-
main6
192.168.1.3 mail.jan16.cn
```

（3）配置 Postfix 服务，使用"yum"命令下载安装包，使用"rpm"命令验证系统中没有其他 MTA 服务在运行，如 sendmail，若有则需要卸载，否则会影响 Postfix 服务正常运行，配置命令如下：

```
[root@mail ~]# rpm -qa | grep sendmail
[root@mail ~]# yum -y install postfix
```

（4）重启 Postfix 服务，并设置为开机自启动，检查服务状态，配置命令如下：

```
[root@mail ~]# systemctl start postfix
[root@mail ~]# systemctl enable postfix
[root@mail ~]# systemctl status postfix
● postfix.service - Postfix Mail Transport Agent
    Loaded: loaded (8;;file://mail.jan16.cn/usr/lib/systemd/system/postfix.
service^G/usr/lib/sys>
    Active: active (running) since Tue 2021-12-28 17:34:48 CST; 8s ago
   Process: 10085 ExecStartPre=/usr/libexec/postfix/aliasesdb (code=exited,
status=0/SUCCESS)
    Process: 10090 ExecStartPre=/usr/libexec/postfix/chroot-update
(code=exited, status=0/SUCCESS)
    Process: 10092 ExecStart=/usr/sbin/postfix start (code=exited, status=0/
SUCCESS)
   Main PID: 10159 (master)
     Tasks: 3 (limit: 8989)
    Memory: 3.2M
    CGroup: /system.slice/postfix.service
            ├──10159 /usr/libexec/postfix/master -w
            ├──10160 pickup -l -t unix -u
            └──10161 qmgr -l -t unix -u

12 月 28 17:34:47 mail.jan16.cn systemd[1]: Starting Postfix Mail Transport
Agent...
12 月 28 17:34:48 mail.jan16.cn postfix/master[10159]: daemon started --
version 3.3.1, configurat>
12 月 28 17:34:48 mail.jan16.cn systemd[1]: Started Postfix Mail Transport
Agent.
# 省略以下部分输出 #
```

## 2．配置邮件服务并创建测试用户

（1）修改 Postfix 服务的主配置文件"main.cf"，修改对应的主机名和域名，监听任意端口和协议，允许的网段为 127.0.0.1/8 和 192.168.1.0/24，配置命令如下：

```
[root@mail ~]# vim /etc/postfix/main.cf
myhostname = mail.jan16.cn
mydomain = jan16.cn
myorigin = $mydomain
inet_interfaces = all
inet_protocols = all
#mydestination = $myhostname, localhost.$mydomain, localhost
```

```
// 在配置文件内注释该内容
mydestination = $myhostname, localhost.$mydomain, localhost, $mydomain
mynetworks = 192.168.1.0/24, 127.0.0.0/8
home_mailbox = Maildir/
```

（2）完成配置后，重启 Postfix 服务，配置命令如下：

```
[root@mail ~]# systemctl restart postfix
```

（3）创建测试用户 mail-1 和 mail-2，设置密码为 "Jan16@123"，配置命令如下：

```
[root@mail ~]# useradd mail-1
[root@mail ~]# echo "Jan16@123" | passwd --stdin mail-1
[root@mail ~]# useradd mail-2
[root@mail ~]# echo "Jan16@123" | passwd --stdin mail-2
```

### 任务验证

使用 root 用户发送邮件到测试用户 mail-1，邮件内容为 "this is test mail"。

（1）配置 telnet 服务，使用 "yum" 命令下载安装包，配置命令如下：

```
[root@mail ~]# yum -y install telnet
```

（2）通过 telnet 远程登录到本地的 25 端口进行测试。输出结果如下，表明与 Postfix 服务器的连接正常：

```
[root@mail ~]# telnet localhost 25
Trying ::1...
Connected to localhost.
Escape character is '^]'.
220 mail.jan16.cn ESMTP Postfix
```

（3）输入命令 "ehlo localhost"，声明需要对自己进行身份验证，输出结果如下：

```
ehlo localhost
250-mail.jan16.cn
250-PIPELINING
250-SIZE 10240000
250-VRFY
250-ETRN
250-STARTTLS
250-ENHANCEDSTATUSCODES
250-8BITMIME
250-DSN
250 SMTPUTF8
```

（4）输入命令 "mail from:<root>"，声明邮件源地址，输出结果如下：

```
mail from:<root>
250 2.1.0 Ok
```

（5）输入命令 "rcpt to:<mail-1>"，声明邮件目的地址，输出结果如下：

```
rcpt to:<mail-1>
```

```
250 2.1.5 Ok
```

（6）完成第（5）步的操作后，输入命令"data"就会自动进入邮件内容的编写，邮件内容使用"."号表示邮件主体的结束。编写邮件内容"This is test mail"，使用"quit"命令退出，输出结果如下：

```
data
354 End data with <CR><LF>.<CR><LF>
This is test mail
.
250 2.0.0 Ok: queued as 17CE880156
quit
221 2.0.0 Bye
Connection closed by foreign host.
```

（7）完成邮件的编写和发送后，查看日志文件，邮件服务器的日志文件位于"/var/log/maillog"目录下：

```
[root@mail ~]# tail -f /var/log/maillog
Dec 28 17:41:23 EulerOS postfix/trivial-rewrite[10344]: warning: /etc/postfix/
main.cf, line 135: overriding earlier entry: inet_interfaces=all
Dec 28 17:41:41 EulerOS postfix/smtpd[10340]: NOQUEUE: reject: RCPT from
localhost[::1]: 550 5.1.1 < >: Recipient address rejected: User unknown in
local recipient table; from=<root> to=<?> proto=ESMTP helo=<localhost>
# 省略部分输出 #
Dec 28 17:42:40 EulerOS postfix/local[10346]: warning: /etc/postfix/main.cf,
line 135: overriding earlier entry: inet_interfaces=all
Dec 28 17:42:40 EulerOS postfix/local[10346]: 17CE880156: to=<mail-1@jan16.
cn>, orig_to=<mail-1>, relay=local, delay=77, delays=77/0.01/0/0, dsn=2.0.0,
status=sent (delivered to maildir) // 邮件传输的源地址和目的地址
Dec 28 17:42:40 EulerOS postfix/qmgr[10289]: 17CE880156: removed
Dec 28 17:43:10 EulerOS postfix/smtpd[10340]: disconnect from localhost[::1]
ehlo=2 mail=1 rcpt=1/3 data=1 quit=1 commands=6/8 // 断开与邮件服务器的连接
```

（8）使用"cd"命令切换到 mail-1 用户的家目录，Postfix 自动创建了"/Maildir"目录，新接收到的邮件会存放到该目录下的 /new 目录中，使用"cat"命令可查看邮件的内容，配置命令如下：

```
[root@mail ~]# cd /home/mail-1/Maildir/new/
[root@mail new]# ll
total 4
-rw-------. 1 mail-1 mail-1 390 12 月 28 17:42 1640684560.Vfd00I231c7M791368.
mail.jan16.cn
[root@mail new]# cat 1640684560.Vfd00I231c7M791368.mail.jan16.cn
Return-Path: <root@jan16.cn>
X-Original-To: mail-1
Delivered-To: mail-1@jan16.cn
Received: from localhost (localhost [IPv6:::1])
        by mail.jan16.cn (Postfix) with ESMTP id 17CE880156
        for <mail-1>; Tue, 28 Dec 2021 17:41:23 +0800 (CST)
```

```
Message-Id: <20211228094209.17CE880156@mail.jan16.cn>
Date: Tue, 28 Dec 2021 17:41:23 +0800 (CST)
From: root@jan16.cn

This is test mail
```

# 任务 12-2　配置 Dovecot 服务

## 🦮 任务规划

根据 Jan16 公司邮件服务网络拓扑，在 Jan16 公司邮件服务器上配置 Postfix+Dovecot 服务，实现邮件服务的部署。

本任务具体可分解为以下三个步骤。

（1）在邮件服务器上配置 Dovecot 服务。

（2）修改 Dovecot 服务的配置文件。

（3）在邮件服务器上添加密码认证模块。

扫一扫

微课：部署及配置 Dovecot
邮件服务器

## 🦮 任务实施

### 1. 在邮件服务器上配置 Dovecot 服务

使用"yum"命令配置 Dovecot 服务，配置命令如下：

```
[root@mail ]# yum -y install dovecot
```

### 2. 修改 Dovecot 服务的配置文件

（1）修改 Dovecot 服务的主配置文件"/etc/dovecot/dovecot.conf"，修改内容如下：

```
[root@mail ~]# vim /etc/dovecot/dovecot.conf
Listen = *
```

注意：listen = * #表示监听连接进来的 IP 地址，* => 表示所有的 IPv4 地址，[::] => 表示所有的 IPv6 地址。

（2）修改 Dovecot 服务的认证配置文件"/etc/dovecot/conf.d/10-auth.conf"，修改内容如下：

```
[root@mail ~]# vim /etc/dovecot/conf.d/10-auth.conf
disable_plaintext_auth = no    #允许使用明文密码验证，否则账号无法连接
auth_mechanisms = plain login #自身认证
```

（3）修改 Dovecot 服务的邮箱配置文件"/etc/dovecot/conf.d/10-mail.conf"，修改内容

如下：

```
[root@mail ~]# vim /etc/dovecot/conf.d/10-mail.conf
mail_location = maildir:~/Maildir #用户的邮件目录位置，这里使用maildir方式存储
```

（4）由于邮件服务器使用 TLS 协议，所以在不加密的情况下需要禁用 SSL 请求，修改
"/etc/dovecot/conf.d/10-ssl.conf" 配置文件，修改内容如下：

```
[root@mail ~]# vim /etc/dovecot/conf.d/10-ssl.conf
ssl = no
```

（5）配置文件修改完成后，重启 Dovecot 服务，并设置为开机自启动，查看服务状态，
配置命令如下：

```
[root@mail ~]# systemctl start dovecot
[root@mail ~]# systemctl enable dovecot.service
[root@mail ~]# systemctl status dovecot
● dovecot.service - Dovecot IMAP/POP3 email server
    Loaded: loaded (8;;file://mail.jan16.cn/usr/lib/systemd/system/dovecot.
service^G/usr/lib/sys>
    Active: active (running) since Tue 2021-12-28 19:06:13 CST; 10s ago
  Main PID: 11380 (dovecot)
     Tasks: 4 (limit: 8989)
    Memory: 1.7M
    CGroup: /system.slice/dovecot.service
            ├──11380 /usr/sbin/dovecot -F
            ├──11382 dovecot/anvil
            ├──11383 dovecot/log
            └──11385 dovecot/config

12月 28 19:06:13 mail.jan16.cn systemd[1]: Starting Dovecot IMAP/POP3 email server...
12月 28 19:06:13 mail.jan16.cn systemd[1]: Started Dovecot IMAP/POP3 email server.
12月 28 19:06:13 mail.jan16.cn dovecot[11380]: master: Dovecot v2.2.10 starting
up for imap, pop3          http://wiki2.dovecot.org/
# 省略以下输出 #
```

（6）查看 Dovecot 服务监听的端口，配置命令如下：

```
[root@mail ~]# ss -lntp | grep dovecot
LISTEN 0      100          0.0.0.0:587         0.0.0.0:*
users:(("dovecot",pid=36395,fd=16))
users:(("dovecot",pid=11380,fd=24))
LISTEN 0      100          0.0.0.0:110         0.0.0.0:*
users:(("dovecot",pid=11380,fd=23))
LISTEN 0      100          0.0.0.0:143         0.0.0.0:*
users:(("dovecot",pid=11380,fd=35))
```

3. 在邮件服务器上添加密码认证模块

（1）邮件服务器对用户的密码认证需要使用 "libstats_auth.so" 动态库文件，所以需
要使用 "find" 命令寻找文件路径，随后将此文件路径添加到 "/etc/ld.so.conf" 文件中，
配置命令如下：

```
[root@mail ~]# find / -name libstats_auth.so
/usr/lib64/dovecot/old-stats/libstats_auth.so
[root@mail ~]# echo /usr/lib64/dovecot/old-stats/ >> /etc/ld.so.conf
```

（2）使用"ldconfig"命令动态生成"/etc/ld.so.cache"缓存文件，使系统可以使用动态链接库，配置命令如下：

```
[root@mail ~]# ldconfig
```

## 任务验证

使用"telent"命令连接到 Dovecot 服务器的 110 端口，输入 POP3 操作命令，以 mail-1 用户的身份查看邮件的内容，代码如下：

```
[root@mail ~]# telnet mail.jan16.cn 110 # 域名
Trying 192.168.1.3...
Connected to mail.jan16.cn.
Escape character is '^]'.
+OK Dovecot ready.
user mail-1 # 指定用户名称
+OK
pass jan16@123 # 指定密码
+OK Logged in.
List # 查看邮件列表
+OK 1 messages:
1 402
.
retr 1 # 查看第一封邮件 下面为邮件的详细信息
+OK 402 octets
Return-Path: <root@jan16.cn>
X-Original-To: mail-1
Delivered-To: mail-1@jan16.cn
Received: from localhost (localhost [IPv6:::1])
      by mail.jan16.cn (Postfix) with ESMTP id 22D101310FA8
      for <mail-1>; Tue, 28 Dec 2021 16:48:53 +0800 (CST)
Message-Id: <20211228084902.22D101310FA8@mail.jan16.cn>
Date: Tue, 28 Dec 2022 16:48:53 +0800 (CST)
From: root@jan16.cn

This is test mail

.
quit   # 退出
+OK Logging out.
Connection closed by foreign host.
```

# 任务 12-3  为 DNS 服务器添加邮件域名主机记录

扫一扫

微课：DNS 服务器添加邮件域名主机记录

## 任务规划

根据 Jan16 公司邮件服务网络拓扑，在 Jan16 公司 DNS 服务器的 jan16.cn 域名中添加主机记录，使邮件客户端可以正常解析域名需要申请的主机记录，如表 12-7 所示。

**表 12-7  需要申请的主机记录**

| 主 机 记 录 | 记 录 类 型 | MX 优先级 | 记 录 值 |
| --- | --- | --- | --- |
| @ | MX | 10 | mail.jan16.cn |
| imap | A | | 192.168.1.3 |
| smtp | A | | 192.168.1.3 |
| mail | A | | 192.168.1.3 |

## 任务实施

（1）在 DNS 服务器上参考项目 7 完成 DNS 服务器的搭建，并创建 jan16.cn 区域，添加邮件地址的解析条目，并使所有域名解析指向域名服务器，配置命令如下：

```
[root@DNS ~]# vim /var/named/jan16.cn.zone
$TTL 1D
@       IN SOA @ root.jan16.cn. (
                0       ; serial
                1D      ; refresh
                1H      ; retry
                1W      ; expire
                3H )    ; minimum
        NS      dns.jan16.cn.
@       MX 10 mail.jan16.cn.
dns A 192.168.1.2
web A 192.168.1.10
imap A 192.168.1.3
smtp A 192.168.1.3
mail A 192.168.1.3
* A 192.168.1.3
```

（2）区域配置文件修改完成后，需要重启 named 服务，配置命令如下：

```
[root@DNS ~]# systemctl restart named
```

信创服务器操作系统的配置与管理（openEuler 版）

**任务验证**

（1）切换到客户端 PC1，客户端的操作系统为 openEuler，IP 地址为"192.168.1.1/24"，网关地址为"192.168.1.254"，DNS 服务器地址为"192.168.1.2"，IP 地址获取的方式为静态获取，并且保持自动连接，配置命令如下：

```
[root@PC1 ~]# nmcli connection modify ens192 ipv4.addresses 192.168.1.1/24
ipv4.gateway 192.168.1.254 ipv4.dns 192.168.1.2 ipv4.method manual
autoconnect yes
[root@PC1 ~]# nmcli connection up ens192
Connection successfully activated (D-Bus active path: /org/freedesktop/
NetworkManager/ActiveConnection/2)
```

（2）在客户端 PC1 中使用"dig"命令对域名进行解析，验证命令如下：

```
[root@PC1 ~]# dig -t A imap.jan16.cn @192.168.1.2
; <<>> DiG 9.11.21-9.11.21-12.oe1 <<>> -t A imap.jan16.cn @172.16.11.5
;; global options: +cmd
;; Got answer:
;; ->>HEADER<<- opcode: QUERY, status: NOERROR, id: 12106
;; flags: qr aa rd ra; QUERY: 1, ANSWER: 1, AUTHORITY: 1, ADDITIONAL: 2

;; OPT PSEUDOSECTION:
; EDNS: version: 0, flags:; udp: 4096
; COOKIE: c727c270ac3ca1613a168271625d1ec737efa72fbed2796e (good)
;; QUESTION SECTION:
;imap.jan16.cn.                    IN      A
;; ANSWER SECTION:
imap.jan16.cn.          86400 IN    A      192.168.1.3
;; AUTHORITY SECTION:
jan16.cn.               86400 IN    NS     mail.jan16.cn.
;; ADDITIONAL SECTION:
mail.jan16.cn.          86400 IN    A      192.168.1.2
;; Query time: 1 msec
;; SERVER: 192.168.1.2#53(192.168.1.2)
;; WHEN: 一 4月 18 16:18:15 CST 2022
;; MSG SIZE  rcvd: 137
[root@PC1 ~]# dig -t A smtp.jan16.cn @192.168.1.2
... 省略部分输出
;smtp.jan16.cn.                    IN      A
;; ANSWER SECTION:
smtp.jan16.cn.          86400 IN    A      192.168.1.3
... 省略部分输出
[root@PC1 ~]# dig -t A mail-1.jan16.cn @192.168.1.2
... 省略部分输出
;mail-1.jan16.cn.                  IN      A
;; ANSWER SECTION:
mail-1.jan16.cn.        86400 IN    A      192.168.1.3
... 省略部分输出
```

（3）使用"wget"命令下载华为云提供的仓库源：

```
[root@PC1 ~]# wget -O /etc/yum.repos.d/CentOS-Base.repo
https://repo.huaweicloud.com/repository/conf/CentOS-7-reg.repo
```

（4）使用"yum"命令下载邮件客户端——雷鸟，下载完成后使用"rpm"命令查询安装是否成功：

```
[root@PC1 ~]# yum -y install thunderbird
[root@PC1 ~]# rpm -qa | grep thunderbird
thunderbird-91.8.0-1.el7.centos.plus.x86_64
```

（5）在客户端 PC1 的终端窗口中输入命令"thunderbird"，打开雷鸟客户端，如图 12-3 所示。

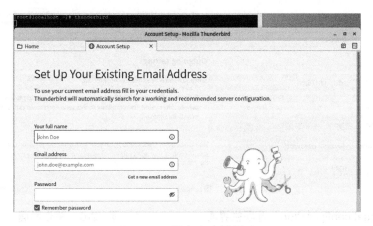

图 12-3　雷鸟客户端界面

（6）在"Account Setup"界面中填写账号 mail-1 的信息，需要填写的内容包括用户全名、邮件地址和密码，如图 12-4 所示。填写完成后，单击"Configure manually"按钮，自定义配置邮件服务器的地址。

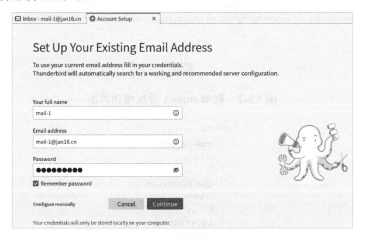

图 12-4　"Account Setup"界面

（7）在"Manual configuration"选项栏内，需要填写邮件服务器接收端和发送端对应的参数，如协议、主机名、端口、认证方式等，如图 12-5 所示。

（8）配置完成后，单击"Done"按钮，此时将会弹出警告界面，如图 12-6 所示，提示邮件服务器没有使用加密协议。勾选下方的"I understand the risks"复选框，并单击"Confirm"按钮。

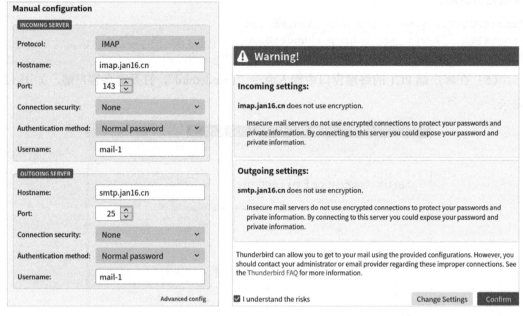

图 12-5 "Manual configuration"选项栏界面 　　　图 12-6　警告界面

（9）若配置无误，则会提示账号已成功添加，如图 12-7 所示。按照步骤（6）～（8），添加第二个账号 mail-2，如图 12-8 所示。

图 12-7　账号 mail-1 添加成功界面

图 12-8　账号 mail-2 添加成功界面

（10）测试邮件服务器收发功能是否正常，使用账号 mail-1 发送邮件给账号 mail-2，查看账号 mail-2 是否能正常接收邮件，账号 mail-1 发送邮件界面和账号 mail-2 接收邮件界面如图 12-9、图 12-10 所示。

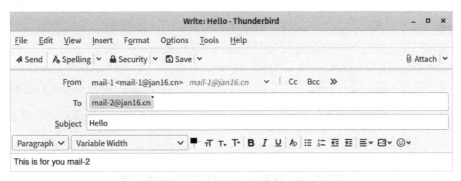

**图 12-9　账号 mail-1 发送邮件界面**

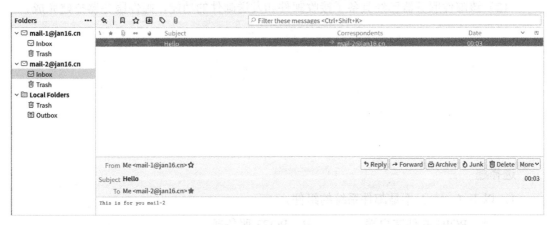

**图 12-10　账号 mail-2 接收邮件界面**

（11）账号 mail-2 接收到此邮件后，进行回复，查看账号 mail-1 是否能正常接收邮件。结果如图 12-11 和图 12-12 所示。

**图 12-11　账号 mail-2 发送回复邮件界面**

**图 12-12　账号 mail-1 接收回复邮件界面**

（12）该邮件服务器已经具备了接收邮件和发送邮件的功能，邮件服务器搭建完成。

## 练 习 与 实 践

### 一、理论习题

**选择题**

1. 以下（　　）不是邮件系统的组件。

    A．POP3 邮件客户端　　　　　B．POP3 服务器

    C．SMTP 服务器　　　　　　　D．FTP 服务器

2. （　　）用于把邮件消息从发件人的邮件服务器传送到收件人的邮件服务器。

    A．SMTP　　　B．POP3　　　C．DNS　　　D．FTP

3. SMTP 服务器的端口号是（　　）。

    A．20　　　　B．25　　　　C．22　　　　D．21

4. POP3 服务器的端口号是（　　）。

    A．120　　　B．25　　　　C．110　　　D．21

5. 以下（　　）是邮件服务器软件。

    A．WinWebMail　　　　　　　B．FTP

    C．DNS　　　　　　　　　　　D．DHCP

## 二、项目实训题

### 1．项目背景与需求

Jan16 公司为实现与客户沟通时统一使用公司的邮件地址，近期采购了一套邮件服务器软件。邮件服务网络拓扑如图 12-13 所示。

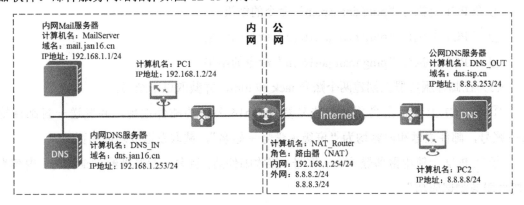

**图 12-13　邮件服务网络拓扑**

Jan16 公司希望网络管理员尽快部署邮件服务，具体需求如下。

（1）邮件服务器使用 Postfix 和 Dovecot 部署，需要实现用户可通过雷鸟访问。

（2）内网 DNS 服务器负责解析 Jan16 公司内计算机域名和公网域名，网络管理员需要完成邮件服务器和 DNS 服务器域名的注册。

（3）公网 DNS 服务器负责解析公网域名，在本项目中仅需要实现公网域名 dns.isp.cn和 Jan16 公司邮件服务器的解析，网络管理员需要按项目需求完成相关域名的注册。

### 2．项目实施要求

（1）根据项目拓扑背景，补充表 12-8～表 12-12 中的相关信息。

**表 12-8　内网 Mail 服务器的 IP 信息规划**

| 计算机名 | IP 地址 / 子网掩码 | 网关地址 | DNS 服务器地址 |
| --- | --- | --- | --- |
| | | | |

**表 12-9　内网 DNS 服务器的 IP 信息规划**

| 计算机名 | IP 地址 / 子网掩码 | 网关地址 | DNS 服务器地址 |
| --- | --- | --- | --- |
| | | | |

**表 12-10　公网 PC1 的 IP 信息规划**

| 计算机名 | IP 地址 / 子网掩码 | 网关地址 | DNS 服务器地址 |
| --- | --- | --- | --- |
| | | | |

**表 12-11　公网 DNS 服务器的 IP 信息规划**

| 计算机名 | IP 地址 / 子网掩码 | 网关地址 | DNS 服务器地址 |
| --- | --- | --- | --- |
| | | | |

表 12-12　内网 PC2 的 IP 信息规划

| 计算机名 | IP 地址 / 子网掩码 | 网关地址 | DNS 服务器地址 |
|---|---|---|---|
|  |  |  |  |

（2）根据项目需求，完成计算机的互联，并截取以下结果。

① 在 PC1 上执行 "ping dns.isp.cn" 命令的结果。

② 在 PC1 上执行 "ping mail.jan16.cn" 命令的结果。

③ 在 PC2 上执行 "ping mail.jan16.cn" 命令的结果。

（3）在邮件服务器上创建两个账号 jack 和 tom，并截取以下结果。

① 在 PC1 上使用雷鸟用 jack 账号登录 Jan16 公司的邮件地址，并发送一封邮件给 tom 账号，邮件主题和内容均为 "班级 + 学号 + 姓名"，截取发送成功后的页面。

② 在 PC2 上使用雷鸟登录 tom 账号，接收邮件后，回复一封邮件给 jack 账号，内容为 "邮件服务测试成功"。

# 项目 13　部署 openEuler 防火墙

（1）了解安装了 openEuler 操作系统的服务器担任网关或路由角色的应用场景。

（2）掌握数据流量过滤型防火墙的工作原理与配置。

（3）了解企业生产环境下部署 openEuler 防火墙的基本规范。

## 项目描述

　　Jan16 公司最近上线了一台安装了 openEuler 操作系统的服务器，计划将这台服务器作为公司网络入口的路由器。路由器作为内外网交汇点，容易遭受外网甚至内网的攻击，造成网络瘫痪、业务停摆等，因此 Jan16 公司规划在服务器上部署路由服务为公司内外网连通提供基础，同时启用防火墙防护功能对内外网之间的数据流量进行过滤，按需开放访问，提高公司网络的安全性。根据调研，目前 Jan16 公司网络访问需求主要有如下几点。

　　（1）Jan16 公司向运营商申请了 1 个公网 IP 地址 202.96.128.201/28，公司内部网络可以通过路由器的 NAT 服务将私有地址转换为公网地址后访问外部网络。

　　（2）Jan16 公司内部设置 DMZ（De-Militarized Zone，非军事化区），用于管理公司对外业务的服务器（如 Web 服务器），内网可以访问 DMZ。

　　（3）外网的客户端仅允许访问 DMZ 开放的端口，不能访问内网中的其他主机。

　　Jan16 公司网络拓扑如图 13-1 所示。

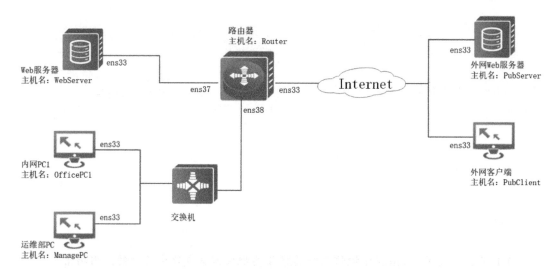

图 13-1　Jan16 公司网络拓扑

## 项目分析

根据 Jan16 公司网络访问需求和网络拓扑，运维工程师需要在 Router 上配置防火墙规则，用于过滤内外网之间的数据流量和控制数据流量的转发。本项目具体可分解为以下几个工作任务。

（1）实现公司内网的正常连通。

（2）在 Router ens33 接口的出方向实现对内网的数据流量进行 NAT。

（3）在 Router ens33 接口的入方向实现丢弃外网服务器对内网发送的 SSH 和 ICMP流量。

（4）仅允许 IP 地址为 192.168.1.202/24 的运维部 PC 通过 SSH 访问 Router。

（5）在 Router 上划分 DMZ，并在该区域中配置放通 Web 服务器端口流量的防火墙规则。

（6）禁止内网客户端与 Web 服务器的 ICMP 通信。

为了保证项目的顺利实施，网络管理员规划了设备配置信息（见表 13-1）和服务器接口对应区域信息（见表 13-2）。

表 13-1　设备配置信息

| 设　备　名 | 角　　色 | 主　机　名 | 接　　口 | IP　地　址 | 网关地址 |
|---|---|---|---|---|---|
| JX3270 | 路由器 | Router | ens33 | 202.96.128.201/28 | |
| | | | ens37 | 172.16.100.254/24 | |
| | | | ens38 | 192.168.1.254/24 | |
| JX3271 | Web 服务器 | WebServer | ens33 | 172.16.100.201/24 | 172.16.100.254 |

续表

| 设 备 名 | 角　　色 | 主 机 名 | 接　　口 | IP 地 址 | 网 关 地 址 |
|---|---|---|---|---|---|
| JX5361 | 内网 PC1 | OfficePC1 | ens33 | 192.168.1.201/24 | 192.168.1.254 |
| JX5362 | 运维部 PC | ManagePC | ens33 | 192.168.1.202/24 | 192.168.1.254 |
| PS3320 | 外网 Web 服务器 | PubServer | ens33 | 202.96.128.202/28 | |
| PC5360 | 外网客户端 | PubClient | ens33 | 202.96.128.203/28 | |

表 13-2　服务器接口对应区域信息

| 设 备 名 | 主 机 名 | 接　　口 | 划 分 区 域 | 区 域 用 途 |
|---|---|---|---|---|
| JX3270 | Router | ens33 | external | 外部区域 |
| | | ens37 | dmz | DMZ |
| | | ens38 | trusted | 受信区域 |

综上，本项目主要有如下几个工作任务。

（1）配置 NAT。

（2）配置防火墙规则。

## 相关知识

# 13.1　防火墙的类型

按照功能逻辑，防火墙可以分为主机防火墙和网络防护墙。

主机防火墙：针对本地主机接收或发送的数据包进行过滤，操作对象为个体。

网络防火墙：处于网络边缘，针对网络入口的数据包进行转发和过滤，操作对象为整体。

按照物理形式，防火墙可以分为硬件防火墙和软件防火墙。

硬件防火墙：专有的硬件防火墙设备，如华为硬件防火墙，其功能强大、性能高，但是成本较高。

软件防火墙：通过系统软件实现防火墙的功能，如通过 Linux 内核集成的数据包处理模块实现防火墙功能，软件防火墙定制自由度高，性能受服务器硬件和系统影响，部署成本低。

# 13.2　Netfilter

Netfilter 是 Linux 内核中的一个软件框架，用于管理网络数据包。它不仅具有 NAT 功能，还具有数据包内容修改及数据包过滤等防火墙功能。利用运行于用户空间的应用软件（如 iptables、ebtables 和 arptables 等）来控制 Netfilter，运维工程师就可以管理通过 openEuler 操作系统的各种网络数据包。

## 13.3　iptables

iptables 及其家族（iptables、ip6tables、arptables、ebtables 和 ipset）是运行于用户空间来操作 Netfilter 的软件。

## 13.4　Firewalld

Firewalld 位于前端，iptables 或 nftables 运行在后端，iptables 或 nftables 操作 Netfilter。老版本的 Firewalld 使用 iptables 作为后端，而新版本的 Firewalld 使用 nftables 作为后端。

当前 Firewalld 通过 nft 程序直接与 nftables 交互，在将来的发行版中，将使用新创建的 libnftables 进一步改善与 nftables 的交互。Firewalld 的工作流程如图 13-2 所示。

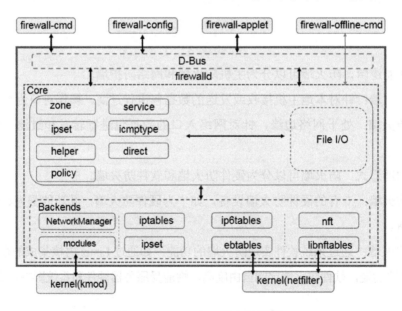

图 13-2　Firewalld 的工作流程

Firewalld 将网卡对应到不同的区域（zone），内置区域默认共有 9 个，每个区域都有自己的一套规则，默认情况下所有网络都在 public 区域中。对区域的匹配规则顺序为源地址、源接口、默认区域，即每个数据包通过防火墙时都会检查源地址，根据源地址匹配的区域规则进行处理，若源地址没有关联的区域，则检查数据包所在的源接口，根据源接口匹配的区域规则进行处理；若源地址也没有关联的区域，则使用系统配置的默认区域规则进行处理。用户可以根据需要在区域中添加源地址或源接口，如在 internal 区域中添加内网使用的 172.16.0.0/24 网段，在 external 区域中添加连接公网的接口。

Firewalld 默认的区域及配置如表 13-3 所示。

**表 13-3　Firewalld 默认的区域及配置**

| 区　　域 | 默　认　配　置 | 预定义服务 |
|---|---|---|
| trusted | 允许所有进站通信 | |
| home | 拒绝除与出站有关的通信或预定义服务以外的所有进站通信 | dhcpv6-client，mdns，samba-client，ssh |
| internal | 拒绝除与出站有关的通信或预定义服务以外的所有进站通信 | dhcpv6-client，mdns，samba-client，ssh |
| work | 拒绝除与出站有关的通信或预定义服务以外的所有进站通信 | dhcpv6-client，mdns，ssh |
| public | 默认区域，拒绝除与出站有关的通信或预定义服务以外的所有进站通信 | dhcpv6-client，mdns，ssh |
| external | 拒绝除与出站有关的通信或预定义服务以外的所有进站通信，穿过该区域的 IPv4 出站通信将出站源伪装为出站网络接口地址 | ssh |
| dmz | 拒绝除与出站有关的通信或预定义服务以外的所有进站通信 | ssh |
| block | 拒绝除与出站有关的通信以外的所有进站通信 | |
| drop | 丢弃除与出站有关的通信以外的所有进站通信（包括 ICMP 错误信息） | |

## 13.5　firewall-cmd

Firwalld 的管理工具有多种，包括 firewall-config 图形工具、firewall-cmd 命令行工具、Firewalld 配置文件。

使用 firewall-cmd 命令行工具管理防火墙，需要了解该命令的语法格式及解析。表 13-4 所示为 firewall-cmd 命令行工具常用的参数及其解析。

**表 13-4　firewall-cmd 命令行工具常用的参数及其解析**

| 参　　数 | 解　　析 |
|---|---|
| --add-interface=inter [--zone=zone] | 将源自指定接口的通信路由至指定区域，若未指定区域，则为默认区域 |
| --change-interface=inter [--zone=zone] | 设定接口与指定区域关联（代替原关联），若未指定区域，则为默认区域 |
| --list-all [--zone=zone] | 列出指定区域配置的接口、源、服务及端口，若未指定区域，则为默认区域 |
| --add-service=service [--zone=zone] | 允许指定服务的通信，若不指定区域，则为默认区域 |
| --add-port=port/protocol [--zone=zone] | 允许指定端口 / 服务的通信，若不指定区域，则为默认区域 |

| 参　　数 | 解　　析 |
|---|---|
| --remove-service=service [--zone=zone] | 移除规则 |
| --remove-port=port/protocol [--zone=zone] | 移除规则 |
| --permanent | 永久生效 |
| --reload | 重新加载 |

　任务实施

# 任务 13-1　配置 NAT

## 任务规划

根据规划，运维工程师需要在 Router 上配置防火墙，利用 NAT 技术来实现内网客户端与外网的正常通信。本任务涉及如下四个步骤。

（1）启动服务器上的防火墙服务。

（2）划分服务器接口到对应的防火墙区域。

（3）配置动态 NAT。

（4）重新载入防火墙的配置。

微课：配置 NAT 地址转换

## 任务实施

### 1. 启动服务器上的防火墙服务

由于服务器初始化时已经将防火墙服务关闭，并且设置为默认开机不启动，因此需要启动服务器上的防火墙服务并设置为默认开机自启动，配置命令如下：

```
[root@Router ~]# systemctl start firewalld
[root@Router ~]# systemctl enable firewalld
```

### 2. 划分服务器接口到对应的防火墙区域

在默认情况下，服务器所有网络接口都划分到 public 区域，因此根据规划，需要使用"firewall-cmd"命令将 Router 的 3 个接口划分到对应的防火墙区域中，配置命令如下：

```
[root@Router ~]# firewall-cmd --change-interface=ens33 --zone=external --permanent
```

```
[root@Router ~]# firewall-cmd --change-interface=ens37 --zone=dmz --permanent
[root@Router ~]# firewall-cmd --change-interface=ens38 --zone=trusted
--permanent
```

### 3．配置动态 NAT

（1）关闭防火墙 external 区域默认的 IP 地址伪装功能，配置命令如下：

```
[root@Router ~]# firewall-cmd --zone=external --remove-masquerade
```

（2）设置防火墙仅转换"192.168.1.0/24"网段的地址共享单一的公网 IP 地址访问外部网络，配置命令如下：

```
[root@Router~]# firewall-cmd --zone=external --add-rich-rule='rule
family=ipv4 source address=192.168.1.0/24 masquerade' --permanent
```

### 4．重新载入防火墙的配置

由于在配置时使用了"--permanent"选项，防火墙的配置不会立即生效，因此在配置完成后应重新载入防火墙的配置，配置命令如下：

```
[root@Router ~]# firewall-cmd --reload
```

## 任务验证

（1）在内网 PC1 上通过"ping"命令测试内网 PC1 与 Web 服务器的通信，结果应为 ICMP 报文正常应答，验证命令如下：

```
[root@OfficePC1 ~]# ping  -c 3 172.16.100.201
PING 172.16.100.201 (172.16.100.201) 56(84) bytes of data.
64 bytes from 172.16.100.201: icmp_seq=1 ttl=63 time=0.777 ms
64 bytes from 172.16.100.201: icmp_seq=2 ttl=63 time=1.23 ms
64 bytes from 172.16.100.201: icmp_seq=3 ttl=63 time=1.45 ms

--- 172.16.100.201 ping statistics ---
3 packets transmitted, 3 received, 0% packet loss, time 18ms
rtt min/avg/max/mdev = 0.777/1.151/1.445/0.278 ms
```

（2）在内网 PC1 上使用"ping -c 3 202.96.128.201"命令测试内网与外网之间的连通性，结果应为 ICMP 报文正常应答，验证命令如下：

```
[root@ OfficePC1 ~]# ping -c 3 202.96.128.201
PING 202.96.128.201 (202.96.128.201) 56(84) bytes of data.
64 bytes from 202.96.128.201: icmp_seq=1 ttl=64 time=0.298 ms
64 bytes from 202.96.128.201: icmp_seq=2 ttl=64 time=2.24 ms
64 bytes from 202.96.128.201: icmp_seq=3 ttl=64 time=0.478 ms

--- 202.96.128.201 ping statistics ---
3 packets transmitted, 3 received, 0% packet loss, time 36ms
rtt min/avg/max/mdev = 0.298/1.004/2.237/0.875 ms
```

# 任务 13-2　配置防火墙规则

扫一扫

微课：配置防火墙规则

## 任务规划

在 NAT 配置完成后，内网的客户端即可访问外网，接下来运维工程师需要根据内网的访问限制要求配置防火墙规则。本任务涉及如下两个步骤。

（1）配置 external 区域规则。

（2）配置 dmz 区域规则。

## 任务实施

### 1. 配置 external 区域规则

（1）通过"firewall-cmd"命令配置防火墙规则为禁止从外网进入的 ICMP 通信流量，配置命令如下：

```
[root@Router ~]# firewall-cmd --zone=external --add-icmp-block=echo-request
--permanent
```

（2）通过"firewall-cmd"命令配置防火墙规则为禁止从外网进入的 SSH 流量，配置命令如下：

```
[root@Router ~]# firewall-cmd --zone=external --remove-service=ssh --permanent
```

（3）通过"firewall-cmd"命令在 external 区域添加端口转发规则，将外部访问防火墙 80 端口的请求转发到 Web 服务器（172.16.100.201）进行处理，配置命令如下：

```
[root@Router ~]# firewall-cmd --zone=external --add-forward-port=port=80:proto=
tcp:toaddr=172.16.100.201
```

### 2. 配置 dmz 区域规则

（1）通过"firewall-cmd"命令设置允许 Web 服务器内 http 服务的访问，配置命令如下：

```
[root@Router ~]# firewall-cmd --zone=dmz --add-service=http --permanent
```

（2）通过"firewall-cmd"命令设置 dmz 区域禁止 ICMP 通信，配置命令如下：

```
[root@Router ~]# firewall-cmd --zone=dmz --add-icmp-block=echo-request
--permanent
```

（3）通过"firewall-cmd"命令设置 dmz 区域禁止其他访问请求，配置命令如下：

```
[root@Router ~]# firewall-cmd --zone=dmz --set-target=REJECT --permanent
```

🐾 任务验证

（1）在内网 PC1 上运行"curl 172.16.100.201"命令能成功访问 WebServer 的 http 服务，验证命令如下：

```
[root@OfficePC1 ~]# curl 172.16.100.201
The Internal Web Site
```

（2）在内网 PC1 上通过"ping"命令来测试内网 PC1 与 Web 服务器之间的通信，将显示无法 Ping 通，验证命令如下：

```
[root@OfficePC1 ~]# ping -c 3 172.16.100.201
PING 172.16.100.201 (172.16.100.201) 56(84) bytes of data.
From 172.16.100.201 icmp_seq=1 Packet filtered
From 172.16.100.201 icmp_seq=2 Packet filtered
From 172.16.100.201 icmp_seq=3 Packet filtered

--- 172.16.100.201 ping statistics ---
3       packets transmitted, 0 received, +3 errors, 100% packet loss, time 7ms
```

（3）外网客户端 PubClient 访问 Router 的 http 流量被转发到 WebServer，验证命令如下：

```
[root@PubClient ~]# curl  202.96.128.201
The Internal Web Site
```

# 任务 13-3　配置防火墙富规则

🐾 任务规划

在 NAT 配置完成后，内网的客户端即可访问外网，接下来运维工程师需要根据内网的访问限制要求配置防火墙富规则。本任务涉及如下三个步骤。

（1）配置 trusted 区域规则。

（2）配置 dmz 区域规则。

（3）重启防火墙服务。

🐾 任务实施

### 1. 配置 trusted 区域规则

（1）通过"firewall-cmd"命令设置 trusted 区域仅允许源地址为 192.168.1.202 的主机进行 SSH 远程登录，配置命令如下：

```
[root@Router ~]# firewall-cmd --zone=trusted --add-rich-rule="rule
```

```
family="ipv4" source address="192.168.1.202" destination
address="192.168.1.254" service name="ssh" accept " --permanent
```

（2）通过"firewall-cmd"命令移除开放的 ssh 服务，表示禁止所有其他 SSH 远程登录访问，配置命令如下：

```
[root@Router ~]# firewall-cmd --zone=trusted --remove-service=ssh --permanent
```

### 2. 配置 dmz 区域规则

（1）禁止源地址为 172.16.100.201/24 的主机通过 SSH 远程登录 Router，配置命令如下：

```
[root@Router ~]# firewall-cmd --zone=trusted --add-rich-rule="rule
family="ipv4" source address="172.16.100.201" destination
address="172.16.100.254" service name="ssh" accept " --permanent
```

（2）通过"firewall-cmd"命令禁止源地址为 172.16.100.201/24 的主机流量到达 Router，配置命令如下：

```
[root@Router ~]# firewall-cmd --zone=trusted --add-rich-rule="rule
family="ipv4" source address="172.16.100.201" destination
address="172.16.100.254" protocol value="icmp" accept " --permanent
```

### 3. 重启防火墙服务

（1）通过"firewall-cmd"命令重新载入防火墙的配置，配置命令如下：

```
[root@Router ~]# firewall-cmd --reload
```

（2）通过"systemctl"命令重启防火墙服务，配置命令如下：

```
[root@Router ~]# systemctl restart firewall
```

## 任务验证

（1）在运维部 PC 上运行"ssh 192.168.1.254"命令可以远程登录 Router，而在内网其他客户端上无法进行 SSH 远程登录，验证命令如下：

```
[root@OfficePC1 ~]# ssh 192.168.1.254
ssh: connect to host 192.168.1.254 port 22: No route to host
[root@ManagePC ~]# ssh 192.168.1.254
root@192.168.1.254's password:
Last login: Tue Mar 17 11:06:48 2022 from 192.168.1.202
```

（2）在内网 Web 服务器上运行"ssh 172.16.100.254"命令无法进行 SSH 远程登录，将防火墙命令取消后可以进行 SSH 远程登录，验证命令如下：

```
[root@WebServer ~]# ssh 172.16.100.254
ssh: connect to host 172.16.100.254 port 22: No route to host

[root@Router ~]# firewall-cmd --zone=trusted --remove-rich-rule="rule
family="ipv4" source address="172.16.100.201" destination address="172.
16.100.254" service name="ssh" accept " -permanent
```

```
[root@Router ~]# firewall-cmd --reload

[root@WebServer ~]# ssh 172.16.100.254
root@172.16.100.254's password:
Last login: Fri Jan 3 17:06:48 2023 from 172.16.100.254
```

（3）在内网 Web 服务器上运行"ping 172.16.100.254"命令无法连通 Router，验证命令如下：

```
[root@WebServer ~]# ping 172.16.100.254
PING 172.16.100.254 (172.16.100.254) 56(84) bytes of data.
From 172.16.100.254 icmp_seq=1 Destination Port Unreachable
From 172.16.100.254 icmp_seq=2 Destination Port Unreachable
From 172.16.100.201 icmp_seq=3 Destination Port Unreachable
From 172.16.100.201 icmp_seq=4 Destination Port Unreachable

--- 172.16.100.254 ping statistics ---
4 packets transmitted, 0 received, +4 errors, 100% packet loss, time 2003ms

[root@Router ~]# firewall-cmd --zone=trusted --remove-rich-rule="rule
family="ipv4" source address="172.16.100.201" destination address="172.16.
100.254" protocol value="icmp" accept " -permanent
[root@Router ~]# firewall-cmd --reload

[root@Router ~]# ping 172.16.100.254
PING 172.16.100.254 (172.16.100.254) 56(84) bytes of data.
64 bytes from 172.16.100.254 icmp_seq=1 ttl=64 time=0.412ms
64 bytes from 172.16.100.254 icmp_seq=2 ttl=64 time=0.485ms
64 bytes from 172.16.100.254 icmp_seq=3 ttl=64 time=0.442ms
64 bytes from 172.16.100.254 icmp_seq=1 ttl=64 time=0.476ms
--- 172.16.100.254 ping statistics ---
4 packets transmitted, 4 received, 0% packet loss, time 1009ms
```

## 练 习 与 实 践

### 一、理论习题

简答题

（1）简述防火墙的类型及作用。

（2）阐述 iptables 和 Firewalld 的区别与联系。

（3）在 openEuler 操作系统中，Firewalld 默认有几种 zone ？其各自的应用场景是什么？

（4）允许访问服务器的 http 服务的 Firewalld 防火墙规则有几种方法可以实现？

## 二、项目实训题

通过配置 Router01 和 Router02 上的 Firewalld 防火墙，使用 PubClient 能访问 WebServer 上的 http 服务。Jan16 公司设备信息如表 13-5 所示，Jan16 公司网络拓扑如图 13-3 所示。

表 13-5　Jan16 公司设备信息

| 设 备 名 | 主 机 名 | 网 络 地 址 | 角 色 |
|---|---|---|---|
| JX3270 | Router01 | ens33 的 IP 地址：202.96.128.201/28。<br>ens37 的 IP 地址：172.16.100.254/24 | 防火墙 |
| JX3271 | WebServer | ens33 的 IP 地址：172.16.100.201/24。<br>ens33 的网关地址：172.16.100.254 | Web 服务器 |
| JX3272 | Router02 | ens33 的 IP 地址：202.96.128.202/28。<br>ens37 的 IP 地址：192.168.1.254/24 | 路由器 |
| PC5360 | PubClient | ens33 的 IP 地址：192.168.1.201/24。<br>ens33 的网关地址：192.168.1.254 | 外网客户端 |

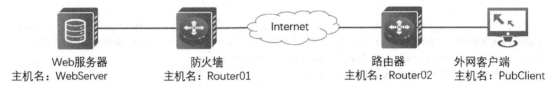

| Web服务器<br>主机名：WebServer | 防火墙<br>主机名：Router01 | Internet | 路由器<br>主机名：Router02 | 外网客户端<br>主机名：PubClient |

图 13-3　Jan16 公司网络拓扑

具体要求如下：

（1）PubClient 需要通过 NAT 方式访问 WebServer，结果以截图方式显示。

（2）在 Router02 上使用防火墙技术将所有从外网访问自身 80 端口的流量转发至 WebServer，结果以截图方式显示。

（3）设置 WebServer 不能访问外网，结果以截图方式显示。